DIE WIRTSCHAFTLICHKEIT DER FERNSPRECHANLAGEN

VON

DR.-ING. FRITZ LUBBERGER

ZWEITE AUFLAGE

MIT 22 ABBILDUNGEN UND 5 TAFELN

MÜNCHEN UND BERLIN 1933

VERLAG VON R. OLDENBOURG

Druck von R. Oldenbourg, München.

Vorwort.

Die zweite Auflage besteht aus einem Weiterdruck der ersten Auflage (1927), erweitert aber die Untersuchungen über den Ortsverkehr hinaus auf den Fern-, Netzgruppen- und Nebenstellenverkehr, soweit diese Fragen heute behandelt werden können; ferner ist ein Abschnitt über Ortstarife dazugekommen. Im Jahre 1927 lagen noch keine wirtschaftlichen Zahlen über den Wählerbetrieb vor, die jetzt ausführlich gezeigt werden. Wenn dieser Nachtrag nicht ausdrücklich auf Änderungen der Ausgaben der ersten Auflage hinweist, so gelten die älteren Zahlen noch heute. VIII Fernverkehr, IX Netzgruppen, X Nebenstellen, XI Ortstarife sind neu. Kapitel XII enthält die Ergänzungen zu den Kapiteln I—VI.

Berlin, August 1933.

Lubberger.

Inhaltsangabe.

		Seite
Vorwort		III
I.	Die Gesamtanlage einer Stadt.	1
II.	Der Verkehr	7
III.	Zahl der Verbindungswege (Berechnung der Wählerzahl	27
IV.	Handbetrieb	51
V.	Die Posten der Sollseite	61
VI.	Die laufenden Ausgaben	68
VII.	Die Abschreibungen.	77
VIII.	Fernverkehr	97
IX.	Netzgruppen	99
X.	Nebenstellenanlagen	100
XI.	Ortstarife	101
XII.	Ergänzungen zu Kapitel I—VI	103

I. Die Gesamtanlagen einer größeren Stadt.

Das Leitungsnetz einer Stadt soll dem Orts- und Fernverkehr dienen. Man muß zunächst untersuchen, ob man für Orts- und Fernverkehr ein gemeinschaftliches oder getrenntes Netz bauen soll. Im allgemeinen werden besondere Fernverbindungsleitungen vom Fernamt zu den großen Ortsämtern verlegt sein. Die an die großen Ortsämter angeschlossenen kleinen Ortsämter ohne Vorschalteschränke und alle Teilnehmeranschlüsse müssen für Orts- und Fernverkehr gemeinschaftlich benutzt werden. Das Netz muß viele Bedingungen erfüllen, dazu kommen Schnellverkehr-, Überland-, System- und Tariffragen.

1. Die **Zeichengabe** muß die nötige Sicherheit haben. Bei Handbetrieb ist dies die Anruf- und Schlußzeichengabe, beim Wählerbetrieb kommt die Nummernwahl dazu. Diese Forderung zerfällt in eine elektrische und eine Zeitaufgabe. Der elektrische Teil verlangt genügende Stromstärke für die Linienrelais zum Ansprechen und genügende Isolation, so daß die Linienrelais nicht über Schleichströme kleben bleiben. Der Weckstrom stellt meist kleinere Anforderungen an die Netzleitungen als der Gleichstrom. Die Zeitaufgabe tritt hauptsächlich für Wähleranlagen auf. Die Nummernstromstöße sind im allgemeinen Öffnungen und Schließungen der Schleifen im Verhältnis von etwa 66 m.sec zu 34 m.sec bis 60 m.sec zu 40 m.sec. Nebenschlüsse, Kapazitäten und Selbstinduktionen in den Leitungen und in den zwischengeschalteten Amtsteilen dürfen dieses Stromstoßverhältnis nicht wesentlich ändern.

2. Die **Sprachgüte** (Verständigung) darf nach den Vorschriften der Pariser „C.C.J.", d. h. nach den für Europa geltenden Bestimmungen um $b = 1$ auf dem Wege vom Fernamt bis zur Sprechstelle gedämpft werden. Der Ortsverkehr darf von Sprechstelle zu Sprechstelle höchstens eine Dämpfung $b = 3{,}5$ aufweisen.

3. Die Anlage soll so gebaut sein, daß die in den nachfolgenden 15 bis 20 Jahren zu erwartenden Verkehrsforderungen ohne kostspielige Umbauten befriedigt werden können.

4. Es soll die wirtschaftlichste Anlage gefunden werden, d. h. die Anlage, die bei gegebener Betriebsgüte die kleinsten laufenden Kosten bedingt, siehe Seite 68.

5. Die **Numerierung** der Anschlüsse spielt eine wichtige Rolle beim Entwurf einer Anlage. In den Systemen mit direkter Einstellung der Wähler vom Anrufer aus stimmt die Bezirks- und Amtsbezifferung mit der dekadischen Teilung der Wähler überein. In den Systemen mit Umrechnung kann der Zugang zu einem Amte anders hergestellt werden, als er in der Teilnehmernummer angegeben ist. Die Verbindung zum gewünschten Amte kann beliebige Umwege machen, solange die Bedingungen 1 (Reichweite) und 2 (Sprachgüte) eingehalten werden. Man behalte die wesentliche Kenntnis im Auge, daß die Umrechnung, falls nötig, zu beliebiger Zeit, an beliebigen Stellen und für beliebige Bruchteile des Verkehrs in die Systeme mit direkter Nummernwahl eingebaut werden kann. Die Gegenüberstellung der beiden Systeme ist von M. Langer (ETZ 1926 S. 551 u. 617) ausführlich behandelt worden, worauf hier verwiesen sei. Es zeigt sich, daß die Umrechnung nicht allgemein nötig ist.

In allen Fällen muß man die Numerierung von Anfang an planen und Anordnungen, die die Numerierung vergewaltigen, verwerfen.

6. **Schnellverkehr, Zonen- und Landverkehr.** Ein Ortsamt kann ohne Rücksicht auf Fern-, Schnell- und Landverkehr nicht mehr geplant werden. Es handelt sich um Möglichkeiten der selbsttätigen Zeitzonenzählung und der Fernwählung über sehr lange Leitungen. Der Einfluß dieser Verkehrsarten auf die Netzgestaltung betrifft die Heranführung der Leitungen mit besonders zu bezahlendem Verkehr an das Ortsnetz. Dasselbe gilt für den Zonenverkehr einer in Zonen eingeteilten Stadt.

Es ist technisch möglich, ganze Länder in Bezirke (Netzgruppen) einzuteilen. Jeder Bezirk erhält ein Amt (Knotenamt, Verbundamt), das den eigentlichen Fernverkehr (mit Anmeldung, Wartezeiten, Rückruf zum Anmelder, besondere Verrechnung usw.) vermittelt und als Ferndurchgangsstelle für den ganzen innerhalb des Bezirks ohne Beamtin sich abwickelnden Verkehr dient. Die Gestaltung eines Ortsnetzes und die Einrichtungen eines Amtes können mehr durch den auswärtigen Verkehr als den inneren Verkehr bestimmt sein. Man denke z. B. an Länder (Schweiz), wo der auswärtige Verkehr größer als der innere Verkehr ist. Es handelt sich dabei um die „Durchnumerierung" gegenüber der Benützung von „Kennziffern".

Unter „Kennziffer" versteht man den Teil einer Teilnehmernummer, der die Verbindung mit dem gewünschten Amte angibt. Man kann den inneren Verkehr jedes kleinen und kleinsten Amtes mit zwei bis drei Ziffern örtlich abwickeln. Zur Verbindung mit anderen Ämtern muß der gewünschten Teilnehmernummer noch die Kennziffer vorgesetzt werden. Das bedeutet zwei oder drei Ziffern für jeden Anschluß. Diesem Verfahren steht die „Durchnumerierung" gegenüber. Es gibt nur ein einheitliches Teilnehmerverzeichnis für einen Bezirk und der Anrufer wählt gleichmäßig stets diese Nummer. Die inneren Verbindungen werden trotzdem nur über Wähler des eigenen Amtes hergestellt (Mitlaufwerke). Die Anlagekosten werden für die Durchnumerierung kleiner als für die Anlagen mit Kennziffern, die Überwachung wird billiger, weil das Knotenamt selbsttätig von allen Störungen sofort benachrichtigt wird. Auch wird das Wählen einheitlich und leicht verständlich.

7. Systemfragen. Der Zusammenhang der Wählersysteme mit der Netzgestaltung wird im Abschnitt IV besonders behandelt. Hier sei auf die jetzt beginnende Entwicklung der Hausgruppenstellen hingewiesen. Man kann 10 bis 20 Wenigsprecher in einem Haus oder Häuserblock in einer Unterzentrale (Hausgruppenstelle) sammeln und den Verkehr über nur 2 Amtsleitungen abwickeln. Die teuren Kabel werden dadurch wesentlich besser ausgenutzt, als bei unmittelbarem Anschluß der Wenigsprecher an das Amt, auch vermeidet man die Handbedienung der Zwischenstellen und Hauptstellenumschalter.

8. Tariffragen. Sollen Sprechstellen mit niedrigerem Tarif und irgendwelchen Verkehrsbeschränkungen eingeführt werden, so wird der Netzplan dadurch wesentlich beeinflußt. Zwischenstellen, Nebenstellen, Gesellschaftsleitungen und Hausgruppenstellen sammeln den Verkehr mehrerer Wenigsprecher auf eine oder wenige Amtsleitungen.

Da die Netzunterteilung für Wählerbetrieb sehr viel weiter getrieben werden kann als für Handbetrieb, muß zuerst die Betriebsart untersucht werden. Dabei muß der Fern- und Vorortsverkehr mit erfaßt werden. Es gibt ganze Länder, in denen Fern- und Vorortsverkehr nur einige Bruchteile des Gesamtverkehrs ausmachen, aber auch einzelne Anlagen (z. B. in der Schweiz), in denen der besonders zu bezahlende Verkehr größer als der Ortsverkehr ist. Für große Stadtanlagen braucht die Untersuchung nicht mehr gemacht zu werden. In der ganzen Welt haben alle wirtschaftlichen Berechnungen den Wählerbetrieb als die vorteilhaftere Betriebsart ergeben. Für kleinere Anlagen muß man beide Arten durchrechnen. In England hat T. F. Purves (Lit. 3) die Leitsätze aufgestellt:

1. In allen Bezirken, in denen die zu erwartende Entwicklung für 20 Jahre 1000 Anschlüsse nicht übersteigt, soll der Handbetrieb genommen werden.

2. In allen anderen Fällen soll Wählerbetrieb genommen werden, vorausgesetzt daß

    a) die Belegungszahl in der H.V.St. mindestens 1,2 je Anschluß beträgt,

    b) der Ortsverkehr mindestens 70% des Gesamtverkehrs ausmacht,

    c) die Zahl der noch benötigten handbetriebenen Plätze (Fern-, Vororts-, Melde- usw. Verkehr) 55% der Platzzahl bei Handbetrieb unterschreitet.

So bequem solche Leitsätze auch sein mögen, so wenig darf man sie als allgemein gültig ansehen. Purves setzt den ganzen Fern- und Vororotsverkehr als handbetrieben voraus. Das ist in Deutschland und den Vereinigten Staaten gerade für die vielen kleinen Landzentralen im allgemeinen nicht der Fall, wo die Fernwählung ganz andere Ausgangspunkte für die wirtschaftliche Rechnung bietet.

Der grundsätzliche Unterschied zwischen Hand- und Wählerbetrieb liegt in der Notwendigkeit, im Handbetrieb eine Verbindung über höchstens zwei Ämter (A- und B-Amt) herzustellen, während im Wählerbetrieb beliebig viele Ämter gereiht werden können.

Ein weiterer großer Unterschied wird durch den Umstand, ob Neuanlage oder Erweiterungen (mit schließlichem Umbau zu Wählerbetrieb) verlangt werden, in die Untersuchungen hineingetragen. Neuanlagen sind hauptsächlich in orientalischen Ländern noch häufig. Dort fehlen aber meistens die Unterlagen für wirtschaftliche Rechnungen, so daß man mehr gefühlsmäßig entwerfen muß. In den anderen Ländern dürfte es sich immer um Erweiterungen und Umbauten handeln. Die vorhandene Anlage, namentlich das Kabelnetz, schränkt die freie Verfügung über die Netzbildung ein.

Der Grundplan. In einen genügend großen Stadtplan trägt man die bestehenden Teilnehmeranschlüsse, die vorhandenen Ämter und Netzleitungen ein. Man teilt den Plan in Quadrate von etwa 100 m Seite ein und schreibt in jedes Quadrat die Zahl der bestehenden Anschlüsse, oder besser noch die Verkehrszahlen (S. 7) in schwarzer Farbe. Dann schätzt man die Entwicklung (S. 10) für 5, 10, 20 Jahre und trägt die Schätzungen in anderer Farbe ein. Die Einteilung der Anlage in Amtsdistrikte muß dann nach den von Langer (Lit. 4, 5) angegebenen Grundsätzen vorgenommen werden, in den dichtbelegten Distrikten überlegt man den Bau von Ämtern mit 20000 bis 30000 Anschlüssen, für die weniger dichten Distrikte wird man Ämter bis zu 10000 Anschlüssen zu bilden suchen. Diese großen Ämter werden unter sich verbunden und bilden die Knoten des Netzes. Dann folgen Nebenämter, d. h. solche Ämter, die nur mit einem der großen Knotenämter verbunden sind.

Nun sucht man die günstigste Lage des Amtes in jedem Distrikt. Zunächst überlegt man die Fragen des Bauplatzes, ob Neubau, Umbau, Erweiterung bestehender Gebäude, ob ein Bauplatz zu erwerben ist, ob man überhaupt einen bekommen kann.

Ferner überlegt man die Kosten der Anpassung des vorhandenen Netzes an die Neuordnung. Nicht immer wird das neue Amt im Schwerpunkt der Entwicklung liegen können. Da man immer mehrere Annahmen durchrechnen muß, empfiehlt es sich, Schaubilder für die meist vorkommenden Fälle zu entwerfen, wie z. B. sie von Purves (Lit. 3) für England angegeben wurden. Dadurch wird die sehr große Arbeit abgekürzt.

Hat man so eine voraussichtlich passende Unterteilung gefunden, so legt man die Art der Verteilung: unterirdisch, oberirdisch, Luftkabel, Einzelleitungen, Ringleitungen fest. Dann wählt man die Drahtdurchmesser. Man kann alle Kabeladern gleich dick oder die Teilnehmeranschlüsse dünner als die Amtsverbindungsleitungen nehmen, letztere kann man pupinisieren. Man muß die Anordnung auf die Erfüllung der geforderten Reichweite und Sprachgüte untersuchen. Die Reichweite ist im großen und ganzen eine Gleichstrom-Widerstandsfrage. So soll beim System von Siemens & Halske der Widerstand der Leitungen von der Sprechstelle bis zur Stromstoßbrücke im allgemeinen 1000 Ohm nicht überschreiten. Nebenschlüsse, Kapazitäten und Impedanzen der Leitungen sind meistens so gering, daß sie für die Reichweite keine Rolle spielen. Man darf aber die Einflüsse der Nebenstellenschränke nicht vergessen, in welchen Stromstoßübertrager, Schlußzeichenbrücken u. dgl. die Stromstöße gegebenenfalls verzerren und schädigen. Man wird also die Unterteilung und die Drahtstärken so wählen, daß die längste Teilnehmerschleife höchstens auf den vorgeschriebenen Widerstand kommt.

Die Gestaltung des Ortsnetzes ist öfters ausführlich behandelt worden (Lit. 4, 5, 10). Getzschmann beschreibt das in Deutschland übliche Verfahren, Higgins ist Amerikaner, Williams Engländer. Für die Planung nach den modernsten Grundsätzen mit Rücksicht auf Wählerbetrieb müssen diese Studien durch die Arbeiten von Langer ergänzt werden. Unter seinen Studien ist die ,,Gestaltung neuzeitlicher Fernsprechanlagen" in der Siemens-Zeitschrift Februar 1926 die ausführlichste, ferner siehe Langer, Z. f. Fernmeldetechnik 1926, Heft 10.

Der Grundzug einer modernen Netzplanung stellt zunächst die gesamten Verkehrsforderungen auf für jetzt bis 15 (sogar 25) Jahre hinaus. Die Bezirkseinteilung muß so gewählt werden, daß die zeitliche Ausnützung der langen Amtsverbindungsleitungen möglichst günstig ist. Ein langes Verbindungskabel zwischen zwei Knotenämtern soll in jeder Richtung mindestens 100 Verbindungswege enthalten, weil dann die Grenze der Belastbarkeit (45 Minuten je Weg) erreicht wird. Man muß mehrere Versuche machen, bis ein Minimum des ganzen Leitungskupfers gefunden ist.

Die Sprachgüte wird bekanntlich nur mittelbar durch die Verluste b gegenüber der Verständigung in einer unbehinderten Verbindung angegeben. Die Verluste an Verständigung setzen sich aus mehreren Beiträgen zusammen: Dämpfung der Leitungen, Dämpfung eingeschalteter Ämter, Sende- und Empfangsverlust, Reflexionen an Übergangsstellen. Die Summe der Verluste soll im Ortsverkehr von Sprechstelle zu Sprechstelle b = 3 bis b = 3,5 und im Fernverkehr von Sprechstelle zum Fernamt b = 1 nicht übersteigen.

Die **Dämpfung** der nicht belasteten Leitungen wird mit der Gleichung $\beta = \sqrt{\omega C R}$ berechnet, worin $\omega = 5000$ die mittlere Kreisfrequenz,

C = 0,035 bis 0,04 μF (also C = 4 · 10⁻⁸ F.) je Kilometer Kabelpaar, R Widerstand eines Drahtes von 1 km (z. B. R = 35 Ohm für Durchm. 0,8) bedeutet. Zur Durchrechnung muß man naturgemäß Kurvenblätter für verschiedene C- und R-Werte vorbereitet haben.

Die Dämpfung eines eingeschalteten Amtes (Nebenstellenschrank, Knotenamt usw.) muß bekannt sein, gegebenenfalls muß man sie dem Erbauer der Ämter vorschreiben. Die Größenordnung ist etwa b = 0,1.

Der **Sendeverlust** ist die Verminderung der vom Mikrophon erzeugten Wechselspannung infolge der Schwächung des Speisestromes durch den Widerstand der Leitungen. Bezeichnet Va die vom Mikrophon bei ungeschwächtem Speisestrom erzeugte Wechselspannung, Vr die Wechselspannung bei einem über den Widerstand (Schleife) 2R geschwächten Speisestrom, so erhält man die entsprechende Dämpfung b aus der Gleichung Vr = Va e⁻ᵇ oder b = log nat $\frac{Va}{Vr}$. Dieser Sendeverlust wächst für Mikrophone mit hohem normalen Speisestrom („solid back" mit 0,120 Ampere Speisestromstärke) sehr viel schneller an als für Mikrophone mit kleinem normalen Speisestrom (Siemens & Halske 0,05 bis 0,03 Ampere). Hier ist die einschneidende Untersuchung einzufügen, ob für Ferngespräche das Fernamt oder das zunächst liegende Ortsamt speisen soll, oder ob das Fernamt etwa mit erhöhter Spannung (48 Volt statt 24 Volt) speisen soll. Der Sendeverlust kann bei ungeeigneter Wahl b = 0,2 schnell übersteigen.

Der **Empfangsverlust** ist die Verminderung der dem Hörer zugeführten Energie infolge der Veränderung des Speisestromes durch den Widerstand der Leitungen. Bei den heute noch meistens üblichen Induktionsspulen mit dem Hörer im Zweitkreise dürfte der Einfluß der Sättigung im Eisen der Induktionsspule bei verschieden starken Speiseströmen nicht sehr viel ausmachen. Aber einschneidende Bedeutung erhält der Empfangsverlust für elektromagnetische Hörer, die ja vom Speisestrom erregt werden. Die Größe des Empfangsverlustes kann ebenfalls als natürlicher log des Verhältnisses zweier Spannungen angegeben werden.

Die **Reflexion** (Breisig, Theoretische Telegraphie) kann berechnet werden. Die Größenanordnung des Verlustes ist rd b = 0,06 beim Zusammenschalten stark verschiedener Teilnehmer- und Amtsleitungen. Die Vielzahl der Verluste wird oft dazu führen, daß die Verluste in den Kabeln recht klein gehalten werden müssen, so daß man mindestens die Fernverbindungsleitungen vom Fernamt bis zu den Ortsämtern pupinisieren muß.

Das Bauprogramm soll die Bauzeiten und Lieferungstermine festlegen. Für das Bauprogramm verlangt J. J. Carty die Beantwortung dreier Fragen: Warum überhaupt bauen? Warum gerade jetzt bauen und warum gerade so und nicht anders bauen? Diese Fragen mahnen zur größten Vorsicht in der Aufstellung des Bauprogrammes. Am wichtigsten ist die Frage: Warum jetzt bauen? Man muß die Kosten zukünftiger Bauten berücksichtigen. Z. B. man kann einen Kanalstrang heute mit 20 Löchern bauen, wenn man weiß, daß die letzten Löcher in etwa 12 bis 15 Jahren benötigt sein werden. Dann muß man jahrelang das ganze Kapital für die leeren Löcher verzinsen und abschreiben. Oder man kann sich vornehmen, jetzt nur 10 Löcher auszuführen und dann in 10 Jahren die weiteren 10 Stränge neu zu verlegen. Dann hat man größere Gesamtanlagekosten, spart aber 10 Jahre lang Zins und Abschreibung. Was ist vorteilhafter? Ebenso muß man die Bauzeit für Gebäude und ihre Größe durch Gegenüberstellung von späteren Anlagekosten und derweiligen Zinsen und Abschreibungen möglichst wirtschaftlich zu legen suchen.

Das Bauprogramm muß dauernd auf dem laufenden gehalten werden. Man soll es mindestens alle 3 Jahre gründlich überprüfen und die größeren Bauten sollten für 5 Jahre voraus ziemlich festgelegt sein.

Die Gesamtanlage in kleineren Orten, die wohl meist nur ein Amt erhalten, dürfen heutzutage nicht mehr allein betrachtet werden. Die Entwicklung drängt auf die Wähleranlagen im ganzen Lande hin. Dann bilden gerade die kleineren Ortschaften die Knotenämter der Landbezirke und es kann sehr wohl der Fall eintreten, daß die Ortsanlage im wesentlichen durch die Landbezirksanlage bestimmt wird. Es handelt sich dabei auch um die Durchnumerierung des Bezirks oder um das Wählen mit Kennziffern. Für das Netz bedeutet dies eine andersartige Belastung der Überlandleitungen und eine erweiterte Amtseinrichtung, ferner gestaltet sich das Landnetz aus der Maschenform in die Strahlenform um (siehe Lit. 4c).

II. Der Verkehr.

Der Verkehr ist die Belastung der Fernsprechanlage durch die Gesamtheit der Benutzungen jeder Art. Er ist die Grundlage aller Berechnungen für den Bau und Betrieb der Anlagen und muß in handgreiflichen Zahlen angegeben werden. Wir erfassen den Verkehr durch 7 Grundgrößen:

A) s Zahl der Teilnehmer,
B) c Zahl der Belegungen,
C) t Belegungsdauer,
D) k Konzentration,
E) v Betriebsgüte,
F) Verbindungsverkehr,
G) g Gleichzeitigkeitsverkehr,
H) Verkehrsmessung.

Die Zahl „g" ist das Ziel der Rechnungen, denn s und g zusammen legen die Größe der Einrichtungen fest.

A) s **die Teilnehmerzahl.** Man achte auf die zwei verschiedenen Angaben: Anschlüsse und Sprechstellen. Unter einem „Anschluß" versteht man keine einheitliche Grundgröße. Ein „Mehrfachanschluß" hat manchmal sehr viele „Teilnehmerleitungen", die Anschlußzahl ist daher kleiner als die Zahl der Teilnehmerleitungen. Umgekehrt hat eine Gesellschaftsleitung u. U. 10 verschiedene Sprechstellen und nur eine Leitung, also in dieser Beziehung ist die Leitungszahl kleiner als die Zahl der Sprechstellen. s wird eindeutig mit der Angabe der Abfrageklinken für Handbetrieb oder der Vorwähler und der Zahl der Anrufsucher- und Leitungswählerkontakte für Wählerbetrieb.

Die Zahl der Sprechstellen ist größer als die der Teilnehmerleitungen, nämlich um die Zahl der Nebenstellen und Gesellschafter. Das Verhältnis von Sprechstellen zu Teilnehmerleitungen ist in verschiedenen Ländern sehr verschieden: Deutschland etwa 2,5 Millionen Sprechstellen (mit Postberechtigung, also ohne reine Hausstellen) zu etwa 1,5 Millionen Teilnehmerleitungen, Ende 1925.

Deutschland	1,67 Sprechstellen zu	1 Leitung
Schweiz	1,3 ,,	1 ,,
Kopenhagen	1,22 ,,	1 ,,
Haag	1,49 ,,	1 ,,
Schweden	1,21 ,,	1 ,,

In den meisten Statistiken findet man nur die Zahl der Sprechstellen.

Es ist leicht einzusehen, und an späterer Stelle (S. 45) werden wir zahlenmäßig darauf eingehen, daß die Zahl der Sprechstellen auf die wichtigste Zahl „g", den Gleichzeitigkeitsverkehr, einwirkt. Wenn s = 10 Sprechstellen (Börsenanschlüsse) in 1 Stunde 200 Verbindungen zu t = 2 min. verlangen, so können nie mehr als 10 Gespräche gleichzeitig bestehen. Wenn aber s = 500 Teilnehmer 200 Gespräche verlangen, so kommt es oft vor, daß bis zu 15 Gespräche gleichzeitig bestehen. Es kommt also auch auf die Sprechdichte an.

Die Kenntnis der Zahl s ist nicht nur für die Anlage eines bestimmten Amtes nötig, sondern auch für die Planung von Erweiterungen. Was lehrt die allgemeine Statistik in dieser Richtung? Man findet die besten Statistiken in der Zeitschrift des Weltpostvereins (Journal Télégraphique) Bern und in Electrical Communication (Western Electric Co.), für Deutschland im Jahresbericht der deutschen Reichspost.

Wir finden z. B. folgende Zahlen (El. Comm. 1925) für 31. Dezember 1924:

	Sprechstellen	»Dichte« auf 100 Einwohner
Welt	24 576 000	1,4
Vereinigte Staaten	15 369 000	13,7
Südamerika	347 000	0,5
Europa	6 391 000	1,3
Asien	708 000	0,1
Afrika	140 000	0,1
Australien	466 000	0,7
Deutschland	2 339 000	3,9
England, Irland	1 232 000	2,4
Frankreich	604 000	1,5
Dänemark	292 000	8,7
New York	1 187 000	19,9
Berlin (1926) Hauptstellen 240 000 Nebenstellen 180 000	420 000	9,8 .
London (Juli 1926)	500 000	5,4
Paris	207 000	7,0
Stockholm	106 000	24,6
San Franzisko	187 000	28,8

Die Zunahme der Sprechstellenzahl bietet wirtschaftliches Interesse, da sie einen Schluß auf die Bedeutung der Fernsprechindustrie zuläßt. Wir finden für Deutschland (Jahresbericht der D.R.P. 1924):

Sprechstellen 1910 . . . . 1 070 000
,, 1925 . . . . 2 500 000

Zunahme in Prozenten des vorhergehenden Jahres:

1911	1912	1913	1914	1915	1916	1917	1918
11,2	10,1	7,7	1,4	3,1	1,07	5	6,6

1919	1920	1921	1922	1923	1924	1925
11,6	2,5	6,9	7,2	7,2	6,7	5,1

Für die ganze Welt finden wir (Bericht der A.T.T.Co.):

Sprechstellen im Jahr 1900 . . . . . 2,2 Millionen,
,, Ende 1924 . . . . . . 24,57 ,,

Die Weltzunahme in Prozenten des vorhergehenden Jahres ist:

1901	1902	1903	1904	1905	1906	1907	1908
22,7	23	14,3	12,5	17,3	17	21	21,2

1909	1910	1911	1912	1913	1914	1915	1916
6,6	8,2	10,2	9,4	7,9	7,4	4,7	4,85

1917	1918	1919	1920	1921	1922	1923	1924
5,7	5,4	2,7	5,2	5	4,75	4,5	6,7

Plant man den Ausbau einer bestimmten Anlage, so stellt man eine derartige Liste auf. Daraus kann man einigermaßen sichere Schlüsse für die kommenden Jahre ziehen. Außer dieser Liste hat man noch andere Mittel, die die Schätzung der zukünftigen Zunahme einigermaßen sichern. F. P. Valentine behandelt diese Aufgaben in Bell Telephone Quaterly Januar 1926 wie folgt: Bevölkerungszunahme, Einteilung der Sprechstellen in Privat- und Geschäftsanschlüsse, Art des Dienstes in jeder Klasse, für Privatanschlüsse ist lehrreich der Zusammenhang zwischen der Wohnungsmiete und Fernsprechanschluß. Higgins (Lit. 10) nennt 5% der Wohnungsmiete als Grenze der erträglichen Gebühren bei niederen Mietsätzen und 3% bei den gegenwärtigen hohen Mietsätzen. Aus dem Jahre 1910 ist mir folgende amerikanische Zahl bekannt: Wenn 2% des Jahreseinkommens einer Privatperson einen Anschluß bezahlt, so wird er angeschafft; Wahrscheinlichkeit des Ausbaues von Straßen, Bahnen, Gas-, Wasser-, Stromversorgung; Charakter einer Stadtgegend, Entwicklung von Fabrikzentren, Neubau von Geschäftshäusern, allgemeine Einkommensverhältnisse, geplante Tarifänderungen, Geldflüssigkeit der Teilnehmer und Verwaltungen, politische Aussichten.

Bei stabilen Verhältnissen kann auf diese Weise ein Entwicklungsplan für 5 Jahre voraus einigermaßen zutreffend aufgestellt werden. Selbstverständlich muß der Plan dauernd auf dem laufenden gehalten werden.

B) c die Belegungszahl. Man achte auf den Unterschied von Belegungs- und Gesprächszahl. Unter Belegungen versteht man alle Benutzungen der Einrichtungen. Die Belegungszahl ist um die Besetztmeldungen, Prüfungen, Störungen usw. größer als die Gesprächszahl. Nach der Statistik des Weltpostvereins finden wir die Gespräche je Sprechstelle im Jahre 1922:

| | Ortsgespräche | | Ferngespräche |
	im Jahr	im Tag	im Jahr
Deutschland	865	2,9	155
Australien	955	3,2	53
Belgien	1170	3,7	60
Dänemark	1240	4,1	212
Ver. Staaten	1280	4,3	42
Frankreich	1240	4,1	158
England	705	2,3	60
Ungarn	4700	16,0	12
Italien	1500	5	42
Norwegen	1750	5,8	77
Schweden	1410	4,7	110
Schweiz	500	1,7	247
Tschecho-Slovakei . .	1800	6	80

Man kann mit diesen aus Länderzahlen genommenen Gesprächszahlen nicht viel anfangen. Man, muß sie für kleinere Gebiete aufsuchen. Wir finden:

	Ortsgespräche im Jahr	je Sprechstelle im Tag
Zürich	865	2,8
Bern	700	2,3
Kopenhagen	1840	6,1
Stockholm	1062	3,5
St. Paul Minn.	—	6,5
Berlin	—	8
Haag	—	7,5
Amsterdam	—	10

Die Belegungszahl in Fabriken, Banken, Magistraten kann bis zu
$c = 20$ im Tag je Sprechstelle für den inneren Verkehr steigen.

Auch solche Angaben reichen noch nicht aus. Man muß in „Vielsprecher" und „Wenigsprecher" unterteilen. Es ist kaum möglich,
dafür allgemeine Zahlen anzugeben. Wir werden später sehen, wie
schädlich der Einfluß der Vielsprecher auf die unbezahlte Leerarbeit
(Besetztanrufe) einer Anlage ist. Diese kann in den Hauptverkehrs-
stunden bis auf 33% der gesamten Amtsarbeit steigen. In Deutschland
und England haben daher die Postverwaltungen Vorschriften über die
Höchstbelastung von Teilnehmerleitungen erlassen. In Deutschland
sind dies: Fernsprechgebührengesetz vom 11. Juli 1921:

§ 7: Hauptanschlüsse dürfen mit Gesprächen in abgehender und
ankommender Richtung nicht derart belastet sein, daß sie bei besonderer Prüfung unverhältnismäßig oft besetzt gefunden werden.
Hat die Telegraphenverwaltung einen solchen Fall festgestellt, so
fordert sie den Teilnehmer auf, die Herstellung eines weiteren Anschlusses zu beantragen. ... Die Telegraphenverwaltung ist berechtigt, überlastete Anschlüsse ... zu kündigen."

Fernsprechordnung vom 21. XII. 1922:

§ 4 II: Bei der besonderen Prüfung nach § 7 des F.Geb.G. wird
an 6 aufeinanderfolgenden Werktagen festgestellt, wie oft die Hauptanschlüsse besetzt gefunden werden. Ergeben sich für den Tag durchschnittlich mehr als 7 Besetztfälle, so gelten die Anschlüsse als überlastet. Für Anschlüsse, die bei der Vermittlungsstelle so geschaltet
sind, daß sie wahlweise benutzt werden können, wird ein Besetztfall
nur dann angerechnet, wenn sie alle gleichzeitig besetzt sind."

Ausführungsbestimmungen zum F.Geb.G. und F.O. vom 1. X. 1921
zu § 4 II geben Einzelheiten der Prüfung.

In England hat ein Ausschuß zum Studium des Tarifs (Depart-
mental Committee on Telephone Rates 1920) folgende Besetztmeldungen

in Prozenten der beim Teilnehmer ankommenden Verbindungen festgestellt:

Teilnehmer	Leitungen	Belegungen je Leitung im Tag		Besetztmeldungen	Besetzt %
		abgehende	ankommende		
A	10	71	19	17	89
B	4	18	103	151	147
C	2	43	16	13	81
D	2	17	66	48	73
E	2	23	34	24	71
F	1	31	22	26	118
G	1	22	68	129	190
H	1	50	54	111	206
I.	1	22	43	37	86
J	8	28	89	58	65
K	2	10	64	87	136

Die Kosten für die Leerlaufarbeit der Besetztmeldungen belaufen sich für England im Jahr auf M. 20 000 000.

Der Ausschuß empfiehlt, eine Bestimmung zu schaffen, nach welcher die Post berechtigt sein soll, einem Teilnehmer den Dienst zu kündigen, wenn die Zahl der Besetztfälle 25% der bei ihm ankommenden Verbindungen übersteigt. Die Feststellung der Besetztfälle soll an einem besonderen Platze erfolgen, und zwar über eine Zeit von nicht weniger als einer Woche.

In Paris werden folgende Bestimmungen eingeführt (Wittiber, Verkehrs- und Betriebswissenschaften in Post und Telegraphie, Juli 1926):

Die Zahl der von einem gewöhnlichen Anschluß aus zulässigen Verbindungen im Jahr ist 8000. Dabei wird der zum Teilnehmer gehende Verkehr als ungefähr gleich groß angenommen. Bei Überschreitungen ist die Post berechtigt, die Teilnehmer zum Mieten weiterer Leitungen zu zwingen. Bei Leitungen, die lediglich einen zum Teilnehmer gehenden Verkehr führen, muß ein neuer Anschluß gemietet werden, wenn die Zahl der Besetztmeldungen 25% übersteigt.

Wenn man mittlere Gesprächsdauer annimmt, so kann man diese Vorschriften kurz so zusammenfassen: Ein Hauptanschluß (= Einzelleitung) darf in einer Hauptverkehrsstunde ungefähr 15 Minuten (ankommend und abgehend) belegt sein.

Für Planungen ist es also notwendig, die Belegungszahl für die zu erwartenden Sprechstellen zu schätzen. Im allgemeinen können die Verwaltungen diese Zahlen angeben. Wenn eine Anlage, wie bei Wählerbetrieb, über mehrere Stufen aufgebaut wird, so achte man darauf, daß die Belegungszahl von Stufe zu Stufe abnimmt. Ganz besonders groß ist der Unterschied zwischen den Stufen (z. B. I. GW.), die den Verkehr zu den amtlichen Stellen führen (Fernamtsanmeldung, Auskunftei,

Störungsstelle, Droschkenanruf usw.). Diese Stufen führen bis zu 25 %
mehr Verkehr als die späteren Stufen, die nur den reinen Teilnehmer-
verkehr führen. Ferner achte man darauf, wie Fern- und Vorortverkehr
in die Anlage hineinfließen. Wenn die Fern- und Vorortverbindungen
über die Wähler hergestellt werden, so fließen sie selten über die erste
Wählerstufe hinein, z. B. erst über die III. GW. Wenn man also die
Belastungstabelle für eine Anlage aufstellt, so achte man auf alle Verkehrsarten und die Art ihrer Abwicklung.

C) t die Belegungsdauer. Man achte auf den Unterschied von Be-
legungs- und Gesprächsdauer. Die erstere ist um die Wartezeiten der
Herstellung der Verbindung und bis zum Melden des Gewünschten,
ferner um die Trennzeit länger. Zu den Belegungen zählen auch die
Besetztanrufe, ferner Zuschläge für Prüfungen und Störungen. Man
findet in keiner Statistik irgendwelche Angaben über Belegungszeiten.
Es ist aber eigenartig, daß die durchschnittliche Belegungszeit in der
ganzen Welt ziemlich gleichmäßig ist. In den größeren Städten der
industriell hochentwickelten Länder rechnet man bei Handbetrieb (mit
A-B-Verkehr und vielen Nebenstellenanlagen) etwa 2½ Minuten je
„Einheit", d. h. mit Einschluß der genannten Zuschläge. In Ländern
mit mehr gesellschaftlich entwickelten Sitten muß man mehr rechnen,
in China wohl nicht unter 4 Minuten. Geht man auf Einzelheiten ein,
so findet man, daß bei Handbetrieb die Herstellung und Trennung einer
Verbindung: Nebenstelle—A-Amt—B-Amt—Nebenstelle bis zu 2½ mal
soviel Zeit beansprucht, als das reine Gespräch.

Ganz auffallend stimmt die Belegungsdauer bei Wählerbetrieb in
der ganzen Welt überein. In allen großen Städten der industriell hochentwickelten Länder ist die Belegungsdauer durchschnittlich 1½ Minuten
= $^1/_{40}$ Stunde. Für Nebenstellenverbindungen mit selbsttätiger Auslösung aller Wähler von den Teilnehmern aus, ist kein Zuschlag für
die Trennzeit zu machen. Zahlen für andere Länder sind noch nicht
bekannt geworden.

Die Belegungszeiten für Fernverbindungen hängen sehr stark von
der Betriebsweise ab. In Deutschland werden die Fernverbindungen
„vorbereitet", d. h. das Fernamt stellt die Ortsverbindung einige Minuten vor dem Freiwerden der Fernleitung her. Die vom Fernamt zu
den Ortsämtern führenden Leitungen zeigen ein t = 4 bis 6 Minuten je
Verbindung. Diese Wartezeit belastet natürlich die Verbindungswege. In
den Vereinigten Staaten wird nicht vorbereitet, sondern der Fernverkehr
wird wie der Ortsverkehr behandelt, in England wird „angeboten".
Jedenfalls achte man sehr auf die Belastung durch den Fernverkehr.

Eine weitere oft benötigte Zahl ist die Belegungsdauer innerhalb
größerer Privatanlagen, z. B. großen Fabriken, Banken, Verwaltungen.
Meistens findet man für den inneren Verkehr Belegungsdauern von 50
bis 60 Sekunden. Man rechne etwa mit 1 Minute.

Die Belegungsstunde. Wir werden später (S. 28) sehen, daß das Produkt c · t = Belegungszahl mal Belegungszeit eine der häufigsten Grundlagen für die Berechnung der Apparatzahlen ist. Man bezeichnet das Produkt oft mit dem Buchstaben y und benennt es „Belegungsstunde". y = 1 ist die Verkehrseinheit. In England nennt man diese Einheit eine traffic unit, in Frankreich eine trafic unité. Darin ist c in Belegungen je Stunde und t in Stunden ausgedrückt, z. B. c = 240; $t = \frac{1}{30}$ h = 2 Min., also y = 8 Belegungsstunden. Manchmal findet man den Ausdruck „Sprechminuten", der sich aber nicht empfiehlt, einmal weil es sich nicht um die Gesprächszeit, sondern um die Belegungszeit handelt, ferner bedeutet die Belegungsstunde eine Mittelwertsbildung. Sie ist gleich der Anzahl der im Mittel gleichzeitig, in der betrachteten Stunde bestehenden Belegungen. Wenn y = 8 Belegungsstunden geleistet werden, so würden 8 Verbindungswege, die dauernd arbeiten, die ganze Belastung tragen. Dieser Mittelwert ist die Grundgröße, um welche der Verkehr schwankt (s. Abschnitt III).

D) **k die Konzentration.** Der Verkehr ist tagsüber ungleichmäßig, nachts sehr schwach und meistens zeigt er vormittags und am späten Nachmittag eine Spitze. Die 24-Stundenkurve ist eine sog. M-Kurve (s. Abb. 1). Man erhält nun häufig die Angabe, daß die Teilnehmer im Tage durchschnittlich 15 Verbindungen verlangen. Da nun alle Rechnungen auf den Verkehr der stärkst belasteten Stunde bezogen werden, weil ja gerade in dieser Stunde ein „guter" Dienst verlangt wird, so muß man aus der Angabe des Tagesverkehrs den Verkehr der stärkst belasteten Stunde, der sog. Hauptverkehrsstunde — stets mit HVSt abgekürzt — be-

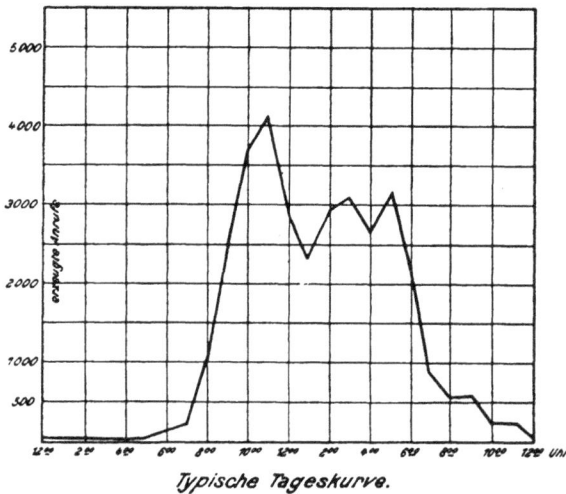

Typische Tageskurve.

Abb. 1.

rechnen können. Das Verhältnis der HVSt zum 24-Stundenverkehr nennt man **Konzentration.** 10% Konzentration ist klein, 12% ist ein sehr oft gefundener Wert für Stadtanlagen, die keine auffallenden Erscheinungen aufweisen. 25% ist ein Wert für Hafenstädte, in deren Häfen morgens viele Schiffe einlaufen, die nachts nicht einfahren konnten (enge Hafeneinfahrt und Nebel). 33% können in Ämtern vorkommen, an die Börsen und Banken mit ihrem Vormittagsverkehr angeschlossen sind.

In großen Fabriken, Verwaltungen (Magistrate, Ministerien) ist der Verkehr während der Arbeitszeit fast gleichmäßig. In London ist die Konzentration 15%.

Manchmal erhält man auch Angaben über die Jahreszahl. Es gibt stets Tage mit einer Hochflut, und zwar eine Erhöhung um 20%, meistens vor Weihnachten und Ostern. Man legt diese Tage der Berechnung der Apparatezahl nicht zugrunde, da die Anlage zu teuer würde. In diesen Tagen werden dann die Wartezeiten und Verluste größer, als wofür die Anlage gebaut wird. Im allgemeinen teilt man den Jahresverkehr durch 300, um auf den Tagesverkehr zu kommen.

E) v **die Betriebsgüte.** Die Teilnehmer erwarten, daß der Dienst „gut" sei. Wir müssen diese gefühlsmäßige Forderung in Zahlen ausdrücken, um überhaupt rechnen zu können. Die Betriebsgüte setzt sich aus folgenden Posten zusammen:

Schnelligkeit der Herstellung und Trennung der Verbindungen. Hand- und Wählerbetrieb unterscheiden sich wesentlich in dieser Hinsicht. Beim Handbetrieb bemerkt der Teilnehmer zunächst die Wartezeit vom Abheben des Hörers bis zum Melden des Amtes. Die zugehörige Vorschrift werden wir auf S. 52 kennen lernen. Dann bemerkt er die Dauer der Trennung, d. h. die Zeit, die er nach einem Gespräch warten muß, bis er wieder anrufen kann. Das Berliner Teilnehmerverzeichnis ersucht die Teilnehmer, nach dem Aufhängen des Hörers ½ Minute bis zu einem neuen Abheben des Hörers zu warten, und zwar aus dem technischen Grunde, den Beamtinnen für das Herausziehen der Stöpsel Zeit zu lassen. Eine andere Wartezeit, nämlich das Warten auf die Meldung des gewünschten Teilnehmers gehört nicht zur Betriebsgüte. Denn dieser Vorgang ist nicht Sache der technischen Anlage, sondern Sache der Erziehung des Publikums. Man macht dem Anrufer allerdings diese Wartezeit weniger zur Qual, wenn man ihm das „Freizeichen" schickt, d. h. ein Zeichen, daß geläutet wird. Der Anrufer ist befriedigt, wenn er hört, daß etwas geschieht. Im Handbetrieb findet man das Freizeichen manchmal, im Wählerbetrieb immer. Das Wählersystem von Siemens & Halske hat eine große Annehmlichkeit: sofortige Signalisierung, d. h. sofort nach der letzten Scheibendrehung erhält man entweder das Freizeichen oder Besetztzeichen. In Wählersystemen mit Maschinenantrieb können mehrere Sekunden bis zum Eintreffen des Signals vergehen, die Teilnehmer beurteilen diese Sekunden als unangenehm.

Unter den Wählersystemen findet man solche mit Anrufsuchern und mit Vorwählern. Die Anrufsucher haben meistens den Nachteil langer Einstellzeit, so daß der Teilnehmer nach dem Abheben des Hörers warten muß, bis das Amt ihm einen nummernempfangenden

Wähler bereitgestellt hat. Man muß dafür ein besonderes Zeichen, das Amtszeichen, einführen, das dem Anrufer angibt, wann er mit dem Wählen beginnen kann. Wenn dieses Zeichen nicht beachtet wird, so ergeben sich Fehlverbindungen. Der Streit, ob das Amtszeichen gut oder ein notwendiges Übel ist, ist heute noch nicht ausgefochten. Die Betriebsgüte (ausgedrückt in der Zahl von Fehlverbindungen) ist für Vorwähler merklich günstiger als für Anrufsucher.

Wenn Zwischenapparate zwischen die Teilnehmerstelle und das Amt eingeschaltet sind (Nebenstellenanlagen), so ist das Amtszeichen stets notwendig. Es vermindert aber auch hier die Betriebsgüte.

Die Betriebsgeschwindigkeit in Systemen mit Bell-Maschinendrehwähler gibt Electrical Communication April 1926 an:

Das Amtszeichen erscheint nach . . . 1,41″
Die letzte Ziffer wird gewählt nach . . 11,19″
Frei- oder Besetztzeichen erscheint nach 14,69″
Gespräch beginnt nach . . . . 25,82″
Auslösung nach . . . . 126,57″

Also das Wählen selbst 11,69 — 1,41 = 9,78″
   ,, ,, Einstellen der Wähler 14,69 — 11,19 = 3,5″ nach dem letzten Scheibendrehen
   ,, ,, Wecken 25,82″ — 14,69 = 11″
   ,, ,, Gespräch 126,57 — 25,82 = 100″.

In Schrittschaltsystemen, etwa von Siemens & Halske, fallen die 1,4·· für das Amtszeichen und die 3,5·· für die Wählereinstellung nach der Speicherung weg.

Klare Signale. Gegebenenfalls erhält der Anrufer drei Signale: Amtszeichen, Freizeichen, Besetztzeichen. Man kann wohl sagen, daß diese Vielzahl oft nicht verstanden wird. Wenn er das Frei- oder Besetztzeichen nicht beachtet, so können Mißverständnisse, aber keine Fehlverbindungen entstehen. Meldet sich der Gewünschte nicht, so hängt der Anrufer nach einiger Zeit von selber den Hörer auf. Anders, wenn er das Amtszeichen nicht versteht und deshalb eine falsche Verbindung herstellt, dann muß er sie bezahlen und auch der falsch Angerufene wird merkbar belästigt. Die Betriebsgüte wird durch Signale, deren Nichtbeachtung schadlos bleibt, nicht beeinflußt, aber sehr durch Signale vermindert, deren Nichtbeachtung Falschverbindungen erzeugt.

Als Angerufener empfängt der Teilnehmer Weckstrom. Ein Wecken im Tempo 2·· Pause, ½·· Läuten wird oft als aufdringlich empfunden, 5·· oder gar 10·· Pause sind nur zulässig, wenn sofort nach dem Freiprüfen ein „erster Ruf" erhalten wird.

In Anlagen mit Zeitzonenzählung kommt noch eine „Warnung" dazu. In solchen Anlagen wird jeweils am Beginn einer neuen Zeiteinheit neu gezählt. Damit der Teilnehmer weiß, wann er die Einheit überschreitet, wird er kurz vor Ablauf der Einheit gewarnt.

Manchmal wird in Nebenstellenanlagen verlangt, daß ein sprechender Teilnehmer einen leisen Besetztsummer bekomme, wenn seine Leitung von anderer Seite verlangt wird, als Zeichen, daß er sich beeilen möge.

Man sieht, daß in Wähleranlagen eine Vielzahl von Zeichen gegeben werden, die der Teilnehmer nicht verwechseln soll. In öffentlichen Anlagen ist der Betrieb am einfachsten, wenn die Zeichen auf Frei-, Besetzt- und Läutesignale beschränkt sind. In Nebenstellenanlagen kann man die Teilnehmer zum Verständnis weiterer Zeichen „erziehen".

Klare Verständigung. Man beachte, daß die Ortsgespräche (in großen Bureaus) im Lärm des Betriebes abgemacht werden, während der Fernverkehr, namentlich der internationale Verkehr, stets in ruhigen Räumen empfangen wird.

Man muß zugeben, daß gerade jetzt (Mitte 1926) zahlenmäßige Angaben über zulässige Dämpfungen in der bisher üblichen Art angefochten werden. Das bisher allgemein übliche Verfahren ist folgendes: Man hat Tabellen über die Dämpfungen der Kabel und Freileitungen, mit und ohne Pupinisierung. Ferner hat man Angaben über Dämpfungen in den Sprechstellen, Nebenstellenschränken und Ämtern. Hat man eine höchstzulässige Gesamtdämpfung festgestellt, so stelle man die größten Entfernungen im betrachteten Gebiet fest und addiere alle Einzeldämpfungen. Diese Summe dürfte die festgesetzte Grenze nicht überschreiten.

Die neueren Lehren von den Veränderungen der Verluste beim Zusammenschalten zweier Leiter mit verschiedener Charakteristik zeigen nun, daß die bisher übliche einfache Addition der Einzeldämpfungen falsch ist. Die tatsächlichen Gesamtdämpfungen können größer oder kleiner sein als die genannte Summe. Da nun augenblicklich die neuen Lehren noch nicht zu bestimmten Lehrsätzen, die leicht anzuwenden wären, durchgearbeitet sind, bleibt nichts übrig, als hier die alten Grundsätze kurz anzudeuten, um wenigstens angenäherte Rechnungen durchführen zu können.

a) Zulässige Dämpfungsmasse. Der Conseil Consultatif International in Paris hat 1925 festgesetzt, daß vom Fernamt bis einschließlich der Verluste in der Teilnehmerstelle die Dämpfung $b = 1$ betragen dürfe. Für den Ortsverkehr sind in Deutschland noch keine Vorschriften erlassen. In England gibt es folgende Vorschriften:

Verbindungsart	zulässige Gesamtdämpfung
I. Zwischen 2 Teilnehmern der gleichen Ortsanlage . .	2,2 b
II. Zwischen 2 Teilnehmern der gleichen Zone oder verschiedener Zonen, aber höchstens 340 km entfernt oder beliebig entfernter Städte bei unmittelbaren Fernleitungen	2,7 b

zulässige
Gesamtdämpfung

Verbindungsart

III. Zwischen 2 Teilnehmern benachbarter Zonen, aber
mehr als 340 km entfernt oder in nicht benachbarten
Zonen und weniger als 480 km entfernt oder zwischen
zwei Städten von 480 bis 640 km entfernt ohne direkte
Fernleitungen . . . . 3,3 b

IV. Alle anderen Weitentfernungen . . . . 3,9 b

Wir können uns an diese Werte halten.

b) **Die Sende- und Empfangsverluste** sind schon S. 6
erläutert worden. Sie hängen sehr von der Bauart der Apparate ab,
und es seien beispielsweise einige Zahlen genannt:

S. & H. Siemens & Halske, 60 Volt Wählersystem, Handmikrotelephon.

F. französische Angaben (Aguillon u. Valensi, Annales des
Post T. T., Okt.-Nov. 1925), Handmikrotelephon,
wahrscheinlich 24 Volt.

E. englische Angaben (Williams, Electrician Bd. 93/526),
festes Mikrophon, großer Bellhörer, 24 Volt.

A. amerikanische Sprechstellen mit elektromagnetischem
Hörer, der selbstverständlich von der Leitungslänge
stark beeinflußt ist, festes Mikrophon, 48 Volt.

Sendeverlust, ausgedrückt im Dämpfungsmaß b bei zunehmen-
dem Widerstand der Schleife von Speisebrücke zu Sprechstelle:

Schleife Ohm	200	400	600	1000
S & H	0,09	0,13	0,15	0,18
A	0,23	0,45	0,7	1,45
F	0,7	1,05	1,4	—
E	0,8	1,3	—	—

Empfangsverlust, ausgedrückt im Dämpfungsmaß b bei zuneh-
mendem Widerstand der Schleife von der Speisebrücke zur Sprechstelle:

Schleife Ohm	200	400	600	1000
S & H	0,18	0,35	0,48	0,53
F	0	0,2	0,4	—
E	ungefähr ebenso			
A {elektromag. Hörer}	0,1	0,4	0,85	2,0

c) **Dämpfungen in den Ämtern.** Bei der ungeheuer großen
Zahl der Amtsanordnungen kann man keine allgemein gültigen Zahlen
angeben. Die Größenordnung einer Amtsdämpfung kann b = 0,1 bis
0,3 betragen.

d) **Dämpfungen der Leitungen.** Für nicht pupinisierte Leitungen kann man für überschlägige Rechnungen die Gleichung (S. 5)

$\beta = \sqrt{C \omega R}$ benutzen oder Tabellen. Pupinisierte Leitungen zu berechnen, ist umständlicher. Es sei auf die einschlägigen Werke verwiesen.

Das Auffinden eines Vorschlages, der in allen Beziehungen die Forderungen klarer Verständigung erfüllt, ist allein schon eine sehr umfangreiche Aufgabe.

e) Geräusche in der Leitung stören die Verständigung. Geräusche können von außen induktiv oder kapazitiv in die Leitung eindringen von Nachbarleitungen (Nebensprechen, Übersprechen) oder von Kraftleitungen oder von Lademaschinen bei Pufferbetrieb. Sie können in der eigenen Leitung entstehen, wenn das Mikrophon Raumgeräusche aufnimmt. Ferner ist die Verständigung in lauten Räumen erschwert. Zahlenmäßige Vorschriften gibt es nur für das Nebensprechen von Leitung zu Leitung, wo z. B. die Nebensprechdämpfung mindestens b = 7,5 betragen soll. Zur Messung der anderen Geräusche gibt es Geräuschmeßapparate, auf die hier nicht eingegangen werden soll.

Zuverlässigkeit der Bedienung. Es soll die gewünschte Verbindung, keine Falschverbindung, hergestellt werden. Doppelverbindungen sollen nicht vorkommen und Trennungen vor dem Aufhängen der Hörer sind lästig.

Freiheit von Störungen durch Fehler der technischen Einrichtungen kann wie in allen Maschinenbetrieben nicht vollkommen gewährleistet werden. Die Teilnehmer beschweren sich nicht, wenn mehrere v. Hdt. aller Verbindungen durch irgendwelche falsche Bedienung oder Fehler der technischen Einrichtungen verunglücken.

Verluste. Mit diesem Ausdruck bezeichnet man die Zahl der nicht zustandekommenden Verbindungen infolge Mangels an Verbindungswegen. In großen Handamtsanlagen treten solche „Verluste" auf wegen Besetztseins aller 1. Leitungen von Nebenstellen zum Amt, 2. aller Schnüre am Abfrageplatz, 3. Verbindungsleitungen zum B-Amt, 4. wieder die Leitungen zum Nebenstellenschrank. Die Wähleranlagen haben stets eine Vielzahl von Wählerstufen. Zwischen je zwei Stufen können Verluste entstehen. Die ganze Frage der Verluste ist gerade seit dem Vordringen der Wählersysteme in den Vordergrund des Interesses gerückt. Es gibt ferner Wählersysteme, in welchen die kurzen Zeiten der Spitzen (alles besetzt) überbrückt werden. Die Verbindungen gehen nicht verloren, sondern werden verzögert. Diese Verzögerungen müssen sich aber in mäßigen Grenzen halten, weil sonst die Anrufer glauben, es liege eine Störung vor, sie hängen die Hörer an und wählen erneut. Es zeigt sich im großen und ganzen, daß die Wählerzahl für Systeme mit Verzögerungen ebenso berechnet werden muß, wie in den Systemen mit Verlusten.

Man kann durch sehr reichliche Einrichtungen die Verluste sehr klein halten. Die Anlage wird aber teuer. Eine „billige" Anlage ist zwar finanziell angenehm, aber die Teilnehmer werden unzufrieden sein.

Noch nirgends ist „amtlich" die Gesamtzahl der Verluste festgelegt worden. Da der Anrufer beim Eintreten eines Verlustes das Besetztzeichen erhält, glaubt er im allgemeinen, die gewünschte Stelle selbst sei besetzt. Rückfragen unter den Teilnehmern, ob er soviel spreche, daß man ihn „nie" erreichen könne, machen die Verluste unterwegs fühlbar. Da nun (s. S. 12) in der HVSt 25—30 % aller Verbindungen besetzt gemeldet werden, schadet ein Zuschlag von 2% Verlusten über die kleine Anlage hinweg nichts, für große Anlagen mehr.

Nun kann man die Verluste nach Belieben verteilen. Man wird die höheren Verluste den teuren Einrichtungen (teure Wählerstufen, teure Verbindungsleitungen) zuteilen, billige Einrichtungen tragen kleinere Verluste.

Trotz der Möglichkeit, in dieser Weise zu sparen, hat in der Tat die Praxis den Weg noch nicht beschritten. Ganz allgemein schreibt man (auch in Lieferungsverträgen) für größere Stadtnetze vor, daß der Verlust in einer Wählerstufe $1^0/_{00}$ (eine Verbindung von tausend) betragen dürfe. Für Überlandnetze beginnt die Entwicklung erst jetzt. Man schlägt vor (Lit. 4 c), für Netzgruppenleitungen 5% Verlust zuzulassen. Die englische Post (Lit. 3) schreibt vor: $2^0/_{00}$ Verlust in jeder Wählerstufe und höchstens 1%, wenn der Verkehr gelegentlich 10% ansteigt.

Wir sehen, daß diese Festsetzungen über Verluste die Größe der Einrichtungen wesentlich beeinflußt. Die folgenden Abschnitte über die Berechnung der Zahl der Verbindungswege werden den Zusammenhang der Zahl der Wege, Verkehr und Verlust aufklären.

Man beachte stets, daß die Verlustzahl eine der in Verträgen zu gewährleistende sehr wichtige Größe ist. Selbstverständlich kann eine neugebaute Anlage nur die für den Neubau festgelegten Bedingungen streng erfüllen. Andere Verkehrsverhältnisse, als angenommen, ergeben auch andere Verluste.

F) **Der Verbindungsverkehr.** Wenn eine Anlage mehrere Ämter (in einer einheitlichen Tarifzone) umfaßt, so flutet der Verkehr von Amt zu Amt hin und her. Wir müssen Angaben über diese Verkehrsgrößen machen, um zu einem Vorschlag für die Zahl der Verbindungswege zu kommen. Die Erfahrung lehrt, daß weit voneinander liegende Ämter weniger untereinander verkehren als naheliegende. Es können auch bevorzugte Beziehungen für besonders starken Verkehr bestehen. Für eine bestimmte Anlage kann man diese besonderen Verhältnisse schätzen. Im allgemeinen hat man keine solchen Unterlagen. Das im folgenden beschriebene Verfahren stimmt mit den Erfahrungen in zulässigen Grenzen überein, so daß man sich dessen bedienen kann, falls nicht irgendwie möglich gemachte Messungen vorliegen.

Man soll den Verbindungsverkehr zwischen 4 Ämtern A, B, C, D berechnen. Die Buchstaben bezeichnen gleichzeitig den jeweils in einem Amte entstehenden Verkehr, ausgedrückt in Belegungsstunden in der HVSt. Die Summe $A + B + C + D$ sei mit T bezeichnet.

Man nimmt zunächst an, daß das gegenseitige Interesse gleichmäßig verteilt sei. Zur Berechnung dieser „proportionalen" Verteilung zeichnet man die vier Verkehrsmengen (Abb. 2) auf einer Linie $T = A + B + C + D$ auf. Um nun den in A entstehenden Verkehr „gleichmäßig" zu verteilen, ziehe unter einem

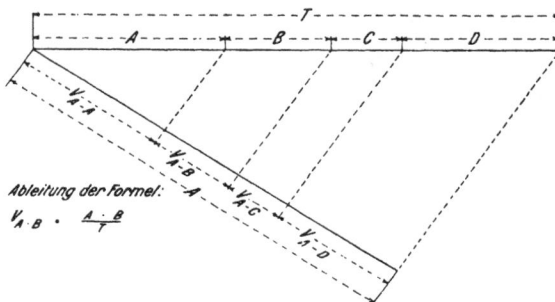

Abb. 2. Proportionale Verkehrsteilung.

passenden Winkel eine andere Linie, die A in beliebigem Maßstab darstellt, verbinde die Endpunkte der beiden Linien und ziehe Parallelen durch die Teilpunkte AB, BC, CD. Dann verhält sich der im Amte A verbleibende Teil

$$\frac{y\,(AA)}{A} = \frac{A}{T} \qquad \frac{y\,(AC)}{C} = \frac{A}{T}$$

$$\frac{y\,(AB)}{B} = \frac{A}{T} \qquad \frac{y\,(AD)}{D} = \frac{A}{T}$$

oder

$$y\,(AA) = \frac{A \cdot A}{T} \qquad y\,(AD) = \frac{D \cdot A}{T}$$

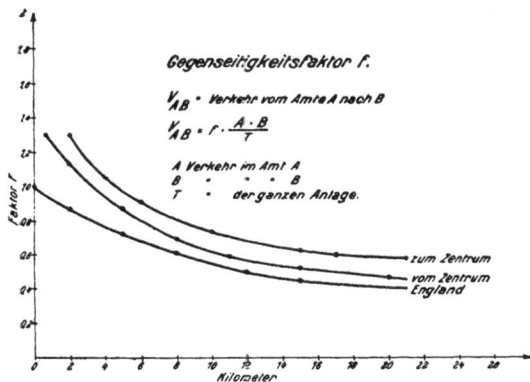

Abb. 3. Interessenfaktor f.

oder allgemein zwischen den Ämter X und Y

$$y\,(XY) = \frac{X \cdot Y}{T}.$$

Diese Ausgangswerte müssen durch Erfahrungswerte verändert werden. Man benutzt (bei Mangel genauer Unterlagen) einen aus Abb. 3 sich ergebenden Gegenseitigkeitsfaktor f (oder „**Interessenfaktor**"), der von den Entfernungen abhängt. Die Linie „zum Zentrum" stellt die Beziehungen von außen nach innen, „vom Zentrum" von innen nach außen dar. Die Linie „England" ist eine daselbst für beide Richtungen gebräuchliche Linie. Eine andere englische Linie

(E. Williams, London, Electrician, 31. X. 1924) liegt noch tiefer. Wenn ein außenliegendes Amt (D) 4 km vom Zentrum (Z) liegt, so ist die gefundene „gleichmäßige" Menge y (DZ) $= \dfrac{D \cdot Z}{T}$ mit f = 1,1 zu verändern, d. h. die Teilnehmer in D sind etwas mehr an den Teilnehmern von Z interessiert als an den Teilnehmern des eigenen Amtes. Man berechnet so zunächst den ganzen von einem Amte abgehenden Verkehr. Die Differenz des entstehenden und dieses abgehenden Verkehrs ist dann der „innere" Verkehr des Amtes.

Beispiel:

Amt	A	B	C	D	T = 716 Belegungsstunden
Entstehender Verkehr	300	233	133	50	
Entfernungen von — nach	AB	AC	AD	BC	BD CD
Entfernung in km	4,5	3	6	4	3 6,8

also z. B. von C nach A:

$$y_{CA} = f\ \frac{C \cdot A}{T} = 1{,}15\ \frac{133 \cdot 300}{716} = 1{,}15 \cdot 56 = 64$$

oder von D nach C:

$$y_{DC} = f\ \frac{D \cdot C}{T} = 0{,}7\ \frac{50 \cdot 133}{716} = 0{,}7 \cdot 9{,}3 = 6{,}5.$$

Entstehender Verkehr		300	233	133	50
nach ↓ A	von → prop.	A	B 98	C 56	D 21
	f	—	1,0	1,15	0,9
	an	—	98	64	19
B	prop.	98	—	43	16
	f	1,0	—	1,0	1,1
	an	98	—	43	17,6
C	prop.	56	43	—	9,3
	f	0,95	0,9	—	0,7
	an	53	39	—	6,5
D	prop.	21	16	9,3	—
	f	0,75	1	0,7	—
	an	16	16	6,5	—

Abgehender Verkehr:

Es fließen also ab

				zusammen	
von A nach	B 98	C 53	D 16	167	A innen 300 — 167 = 133
von B nach	A 98	C 39	D 16	153	B innen 233 — 153 = 80
von C nach	A 64	B 43	D 6,5	113,5	C innen 133 — 113,5 = 19,5
von D nach	A 19	B 17,6	C 6,5	43	D innen 50 — 43 = 7

Der Prozentsatz des abgehenden Verkehrs ist

ab Amt A 167 von 300 Stunden = 56%
„   „   B 153 „ 233   „   = 66%
„   „   C 113 „ 133   „   = 85%
„   „   D 43 „   50   „   = 86%.

Diese Werte des abgehenden Verkehrs stimmen durchaus mit der Erfahrung überein. Immerhin sei betont, daß die beiden Schaulinien „zum" und „vom" Zentrum hoch liegen. Die oben berechneten Werte sind also obere Grenzen.

Benutzt man die wesentlich tiefer liegende englische Linie, so wird man eine untere Grenze des Verbindungsverkehrs erhalten, die man gegebenenfalls für „billigste Angebote" verwenden mag.

Ankommender Verkehr:

Im Amt A kommen an:

von	B	C	D	dazu innerer Verkehr	daher Gesamtverkehr
	98	64	19	133	314 in A

in B kommen an;

von	A	C	D		
	98	43	17,6	80	238,6 in B

in C kommen an:

von	A	B	D		
	53	39	6,5	19,5	118,0 in C

in D kommen an:

von	A	B	C		
	16	16	6,5	7	45,5 in D.

G) **Die Gleichzeitigkeit.** Im Handbetrieb gibt es zwei Gleichzeitigkeiten: Die Zahl der gleichzeitig anwesenden Beamtinnen (= Platzzahl) und die Zahl der einzubauenden Verbindungswege. Die Zahl der Beamtinnen hängt nicht ab von der Belegungsdauer. Es ist für eine Beamtin gleichgültig — von theoretisch annehmbaren Fällen ganz kurzer und sehr langer Belegungsdauern abgesehen —, ob ein Schnurpaar 2 oder 3 Minuten benutzt wird. Sie muß lediglich für jede Verbindungsart eine bestimmte Zeit aufwenden und kann nur einen bestimmten Bruchteil a (s. S. 51) in der Stunde arbeiten. Die Zahl der Verbindungswege wird, außer von anderen Grundgrößen, auch von der Belegungsdauer abhängen, denn es ist klar, daß man für 200 Verbindungen von je 2 Minuten weniger Schnüre braucht als für 200 Verbindungen von je 3 Minuten Dauer.

Im Wählerbetrieb gibt es nur Verbindungswege. Die Belegungszahl allein spielt nur in Grenzfällen eine Rolle.

Wir wollen schon hier bei den allgemeinen Verkehrsfragen eine Verkehrserscheinung besprechen, die zwar seit Jahren vielfach behandelt wurde, die aber noch nicht in das Bewußtsein der Allgemeinheit eingedrungen ist: die „Gruppenzuschläge", die maßgebend auf die Zahl der Verbindungswege einwirken.

Die Gruppenzuschläge. In allen Fernsprechanlagen, Hand- oder Wählerbetrieb, werden die Teilnehmer für den abgehenden Verkehr in kleine Gruppen unterteilt, z. B. n Anrufzeichen an einem Platz, m Vorwähler in einer Gruppe, p Anschlüsse an einer Gruppe von Anrufsuchern. Für den ankommenden Verkehr bildet das Vielfachfeld im Handbetrieb eine „Gruppe", während die Leitungswähler im Wählerbetrieb auch den zu den Teilnehmern gehenden Verkehr in Gruppen teilen.

Der Begriff „**Gruppe**" spielt eine einschneidende Rolle, muß daher genau festgelegt sein. Eine „Gruppe" ist eine solche Anzahl von Zubringerleitungen (oder von daran angeschalteten Apparaten), welche für die Abwicklung ihres Verkehrs auf eine Anzahl ihnen allein zugänglicher Verbindungsmöglichkeiten angewiesen sind. Wenn alle „Ausgänge" aus einer Gruppe besetzt sind, so können freie Ausgänge anderer Gruppen nicht aushelfen.

Man muß in der Festlegung der Gruppenbildung sehr vorsichtig sein. Im Handbetrieb bilden die Anrufzeichen eines Platzes keine „reine" Gruppe, denn die Beamtinnen leisten „Nachbarhilfe". Wenn also alle Schnüre eines Platzes besetzt sind, so können freie Schnüre der Nachbarplätze aushelfen. Für Wählerbetriebe werden wir sog. „gemischte Bündel" kennen lernen, die ebenfalls nicht reinen Gruppen entsprechen.

Zur Vereinfachung der Vorstellung wollen wir zunächst bei reinen Gruppen bleiben. Nehmen wir ein Amt mit s = 2000 Anschlüssen, c = 1,2 Belegungen in der HVSt und t = $^1/_{40}$ h an. Die Gesamtbelastung ist also 2000 × 1,2 × $^1/_{40}$ = 60 Belegungsstunden. Je 100 Anschlüsse (mit Vorwählern oder 20 Plätze mit je 100 Anrufzeichen) sollen eine Gruppe bilden. Die Anschlüsse seien so verteilt, daß jede Gruppe im Jahresdurchschnitt gleich viel spreche. Es ist falsch, zu sagen, daß jede Gruppe mit 60 : 20 = 3 Belegungsstunden belastet sei. Das hieße, daß jede Gruppe zur selben Tageszeit ihre HVSt habe. Die eine Gruppe hat heute ihre HVSt von 9—10 Uhr, morgen von 11½—12½, und andere Gruppen wieder ganz anders. Um einen elektrotechnisch geläufigen Ausdruck zu gebrauchen, kann man sagen, daß die HVSt der einzelnen Gruppen „phasenverschoben" sind. Jede Gruppe liefert zum Gesamtverkehrsstrom eine Komponente mit ihrer eigenen Amplitude (= HVSt). Die Amplitude der Resultierenden = (HVSt des ganzen Amtes) ist selbstverständlich kleiner als die Summe der phasenverschobenen Einzelamplituden. Man muß aber den Bedarf von Verbindungswegen jeder Gruppe in ihrer eigenen HVSt zugrunde legen, denn jede Gruppe wünscht in ihrer HVSt einen guten Betrieb.

Da man fast immer nur die Belegungszahl und -dauer ganzer Ämter erfährt, so entsteht folgende Aufgabe: Wenn die Verkehrsgrößen c und t einer ganzen Anlage bekannt sind, wie groß ist dann die HVSt einzelner Gruppen?

Die Aufgabe wurde zuerst (1912) von Lubberger mit Hilfe der Wahrscheinlichkeitsrechnung behandelt, aber mit unzureichenden Mitteln. Max Langer (Lit. 5) hat zuerst Schaulinien aus Messungen abgeleitet. Bei den andauernd größeren Anforderungen reichten diese Unterlagen nicht mehr aus, und Dr. Rückle fand (1924) eine Theorie (Lit. 1), deren Ergebnisse mit Langers Erfahrungswerten übereinstimmen.

Schon eine einfache Überlegung zeigt, daß die Amplituden der Einzelgruppen das arithmetische Mittel (s. oben 60 : 20 = 3) um so mehr überragen, je stärker die Teilung und je größer die Phasenverschiebungen sind. Denn um so weniger sind die Einzelamplituden zeitgleich.

Die Abb. 4 zeigt deshalb eine Mehrzahl von Teilungsverhältnissen: u ist das Teilungsverhältnis; u = 10 bedeutet die Teilung in 10 Teile. Die Abszisse stellt den rechnerischen Mittelwert dar, die Ordinate die Gruppenzuschläge in Prozent. Beispiel: Eine Verkehrsmenge von

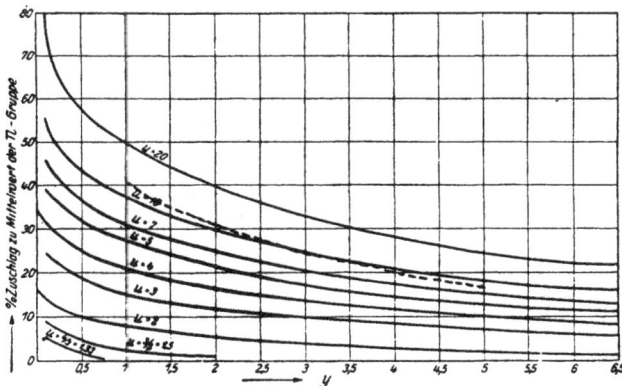

Abb. 4. Gruppenzuschläge.

Y = 20 Stunden sei in u = 10 Teile zu zerlegen. Also y = 2. Auf der Schaulinie u = 10 liest man über y = 2 ab: 30%. Die Teilgruppe ist also in ihrer HVSt mit 1,3 × 2 = 2,6 Belegungsstunden belastet.

Die von Max Langer (Lit. 5) angegebenen Linien sind aus zahlreichen Messungen entstanden. Die von Langer so aufgestellte Linie u = 10 ist punktiert in der Abb. 4 eingetragen. Sie stimmt befriedigend mit der theoretisch gefundenen Linie überein.

Eine andere (englische) Messung zeigt ebenfalls die Zuverlässigkeit der Abb. 4. O'Dell (Influence of Traffic on Automatic Exchange Design,

Heft 85, Post Office El. Eng.) hat 4 Hunderter-Gruppen gemessen. Amplitude der ganzen Gruppe ist 12,79 Belegungsstunden. Die Amplituden der Teilgruppen

	Amplitude	am Datum
Gruppe 1	3,43	26. VII. 1920
„ 2	3,52	21. VII. 1920
„ 3	3,87	22. VII. 1920
„ 4	3,73	14. VII. 1920
	14,55	

Mittelwert der Teilamplituden $14,55 : 4 = 3,62$. Teile die Amplitude 12,79 der ganzen Gruppe in 4 Teile $12,79 : 4 = 3,2$; Zuschlag nach Abb. 4 auf Linie $u = 4$ über $y = 3,2$ ist 13%. Also HVSt der Teilgruppe $= 3,2 \times 1,13 = 3,63$. Beobachtete und rechnerische Werte stimmen also vollkommen überein. Man beachte sehr die starke „Phasenverschiebung" der Amplituden der Teilgruppen.

Die Umkehrung der Aufgabe kommt ebenso häufig vor. Die Aufgabe lautet: Wenn die HVSt einer Gruppe bekannt ist und man läßt den Verkehr mehrerer Gruppen zusammenfließen, wie groß ist die Resultierende?

Dr. Rückle (Wissenschaftliche Veröffentlichungen des Siemens-Konzerns, IV. Band, Februar 1925, S. 250) zeigt, daß für die Zusammensetzung von Verkehrsmengen andere Schaulinien gelten als für die Verkehrsteilung. Der Unterschied ist aber nicht groß, und man kann mit kleinen Korrekturen die Abb. 4 auch zum Zusammensetzen benutzen.

H) **Verkehrsmessung.** Es handelt sich um die Feststellung aller Grundgrößen s, c, t, k, g, v.

s ist eine gegebene feste Zahl, die man aus den Kartotheken entnehmen kann.

Die anderen Größen können je nach Wunsch sehr genau oder auch nur angenähert gemessen werden.

Das genaue Verfahren ist kostspielig, ist aber von der Firma Siemens & Halske jahrelang benutzt worden. Es soll z. B. der Verkehr in einer Gruppe von 12 Leitungswählern gemessen werden. Dazu wird vorausgesetzt, daß in jedem LW irgendein Kontakt oder einige zusammenwirkende Teile umgelegt sind, solange der LW „belegt" ist. Man erregt über diesen Kontakt ein Relais mit drei Kontakten. Der eine dieser Kontakte schließt den Stromkreis eines Zählers (je einen für jeden LW), dessen anderes Ende an Batterie liegt. Dieser Zähler zählt c. Der zweite Kontakt schließt ebenfalls einen Zählerkreis, der aber über eine Uhr mit 1 bis 3 Sekunden Kontakt geschlossen wird. Dieser Zähler mißt also die gesamte Belegungszeit jedes einzelnen LW. Der dritte Kontakt legt einen Widerstand (je LW) an die Sammelleitung zu einem registrierenden Amperemeter. Der schreibende Zeiger gibt in jedem Augenblick die Anzahl der gleichzeitig bestehenden Verbindungen an, der Papiervorschub ist ein Maß der Zeit. Der Inhalt der aufgezeichneten Kurve ist also $y = ct$. Die gleiche Zahl ergibt sich als Summe der Ablesungen aller Sekundenzähler. Die doppelte Messung dieser Grundgröße ist sehr zu empfehlen, um bei Versagern irgendwelcher Art vor verhängnisvollen Irrtümern bewahrt zu bleiben.

Die Amperemeterkurve zeigt ferner die Spitze der gleichzeitig bestehenden Verbindungen (also „v"). Dehnt man die Messung über mehrere Wochen aus, so erhält man einen Einblick in die Konzentration.

Nun muß noch der Verlust gemessen werden. Das kann naturgemäß nicht in der Stufe der LW selbst geschehen, sondern nur am Ausgang der dem LW vorgeschalteten Gruppenwahlstufe. Die meisten GW haben einen sog. Durchdrehkontakt, d. h. einen Kontakt, der geschlossen wird, wenn ein GW keinen freien Ausgang mehr findet. Man legt den Durchdrehkontakt an einen Zähler und einen Alarm.

Die Zahl der so gemessenen „Durchdreher" in % oder %/$_{00}$ der gemessenen Belegungen ist der Verlust.

Eine einfache Messung ohne besondere Apparate besteht darin, daß man vor der Gruppe zu messender Wähler Beobachter aufstellt, die alle 3 Sekunden die augenblicklich außer Ruhelage befindlichen Wähler aufschreiben. Man erhält so eine der Amperemeterkurve entsprechende Belegungskurve. Ein Mann schreibt noch die Zahl der Auslösungen (c) auf. So kann man aus $y = ct$ und c das mittlere t berechnen, ferner erhält man die Spitze v. Der Verlust wird wie oben mit Durchdrehzählung festgestellt. Dieses Verfahren ist ungenau, weil ein Wähler vor dem Verlassen seiner Ruhelage schon belegt sein kann. Diese Belegungszeiten („noch nicht eingestellt") könnte man durch Beobachtung der betreffenden Relais erfassen, jedoch ist die Beobachtung der Relais kaum als sicher genug anzusprechen.

III. Die Zahl der Verbindungswege.

(Die Wählerzahl.)

Es ist für einen Verbindungsweg gleichgültig, ob er durch einen Stöpsel, Wähler, eine Störung oder sonst wie belegt ist. Die gleichen Regeln gelten daher für die Berechnung der Zahl der Verbindungswege für Handbetrieb und für Wählerbetrieb. Im Handbetrieb hat man die A-Plätze mit 15 bis 18 Schnurpaaren, B-Plätze mit 35 bis 40 Schnüren, ebenso Vorschalteplätze belegt, die Verbindungsleitungen belastete man mit 18 bis 20 Verbindungen je Stunde, ohne sich über die Verluste Rechenschaft zu geben. Die Erfahrung hatte gezeigt, daß mit solchen

Anzahlen von Verbindungswegen eine befriedigende Betriebsgüte erreicht wird. Eine genauere Kenntnis der Zahl der Verbindungswege war wirtschaftlich nicht nötig, weil die wesentlichsten Kosten in den Gehältern der Beamtinnen liegen und nicht in der Abschreibung und Verzinsung des Anlagekapitals. Im Wählerbetrieb sind sehr viel mehr Verbindungsstufen gereiht und die wesentlichsten Betriebskosten sind Verzinsung und Abschreibung der Anlagekapitalien. Daher spielt die Zahl der Verbindungswege (Wähler und Verbindungsleitungen) im Wählerbetrieb eine viel größere Rolle als im Handbetrieb.

W. L. Campbell hat schon 1908 durch Versuche in den Ämtern Columbus O. und Grand Rapids Mich. Messungen machen lassen (Proc. Am. Inst. El. Eng., 29. Juni 1908), die er in eine Erfahrungsgleichung für vollkommene Bündel zusammenfaßte

$$v = y + 2,8 \sqrt[3]{y},$$
$$v = \text{die Zahl der Verbindungswege,}$$
$$y = \text{Belegungsstunden.}$$

Die Erfahrung zeigte bald, daß die so berechneten Wählerzahlen zu klein waren. Nach den jetzt bekannten Unterlagen berechnet sich der Verlust zu ungefähr 2%, also viel zu hoch. Campbell änderte daraufhin die Gleichung um in

$$v = y + 3,875 \sqrt[3]{y}.$$

Die Umrechnung ergibt folgendes:

y	v	Verlust
3	8,6	$3^0/_{00}$
6	13,1	$5^0/_{00}$
10	18,3	$5^0/_{00}$
30	42	$5^0/_{00}$

Wenn man die mit Campbells Gleichung berechneten Wählerzahlen etwas aufrundet, so kommt man auf durchaus brauchbare Angaben. Der große Wert der Campbellschen Gleichung liegt darin, daß man mit dem Rechenschieber zu nahezu richtigen Zahlen kommt, wenn man gelegentlich keine genaueren Unterlagen bei sich hat.

P. V. Christensen veröffentlichte (E.T.Z. 1913 S. 1314) die Gleichung

$$v = y + k \sqrt{y}$$

und gibt für k eine Tabelle an. Die mit diesen Angaben berechneten Zahlen liegen ebenfalls ganz in der Nähe der streng richtigen Zahlen. Man kann sich merken, daß für einen Verlust V = 0,001 für große Bündel k = 2,8, für kleine Bündel k = 4,2 ist, so daß man auch damit schnell im Kopf angenäherte Wählerzahlen für vollkommene Bündel berechnen kann.

Max Langer hat in den Jahren 1912 bis 1920 zahlreiche Messungen machen lassen und diese in der E.T.Z., 13. März 1924, veröffentlicht. Langer brachte die ersten Messungen über unvollkommene Bündel, also über gemischte Felder. Wir entnehmen dieser Arbeit die Abb. 5, die im nachfolgenden genau besprochen wird.

1907 begann W. H. Grinsted die theoretische Bearbeitung mit Hilfe der Wahrscheinlichkeitsrechnung nach Poisson, veröffentlichte 1915 seine Studie (Post Office El. Eng. Journal, April 1915). Es folgten viele andere, deren Arbeiten in Lit. 1 kritisch gewürdigt sind.

A. K. Erlang veröffentlichte seit 1918 mehrere Arbeiten, auch über die Berechnung gemischter Felder, worüber O'Dell (Inst. Post Office El. Eng., Heft 85) ausführlich berichtet.

F. Lubberger begann 1912 (veröffentlicht: Arbeiten aus dem Elektrotechnischen Institut der Techn. Hochschule Karlsruhe. Verlag Springer 1921) die Entwicklung der Theorie der Gruppenzuschläge.

Rückle und Lubberger faßten 1924 das ganze Material zusammen und stellten eine umfassende Theorie der gemischten Felder auf (Lit. 1).

Wir entnehmen aus allen Arbeiten die Kurven von Langer und Rückle-Lubberger, weil Langers Kurven aus vielen Messungen entstanden sind, und die Kurven von Rückle-Lubberger zwar theoretisch gefunden, aber durch viele Messungen bewahrheitet sind.

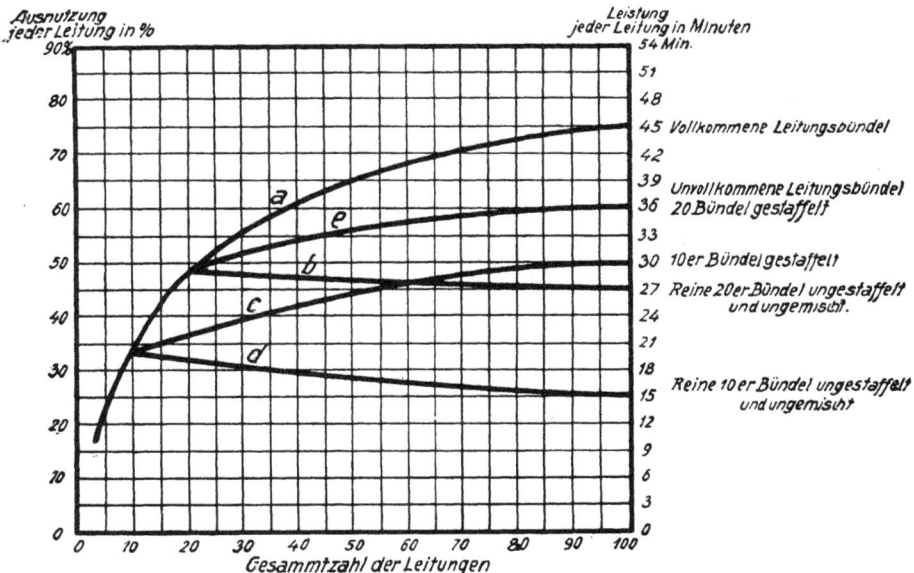

Abb. 5. Leistungen der einzelnen Leitungen in verschieden großen Bündeln.

Das vollkommene Bündel.

Unter einem „vollkommenen Bündel" versteht man eine Vielfach-schaltung der von einer Gruppe ankommender Leitungen belegbaren abgehenden Leitungen derart, daß jede ankommende Leitung jede ab-gehende Leitung erreichen kann.

Von den in der Abb. 5 gezeigten Linien stammen die Linien a, c, d aus Langers Aufsatz (E.T.Z., 13. III. 1924). Die damit berech-neten Wählerzahlen ergeben einen Verlust $V = 0,001$.

Die Linie a gilt für vollkommene Bündel. Diese können durch Wähler mit soviel Kontakten zum Absuchen oder bei Handbetrieb mit soviel Vielfachklinken, als Leitungen im vollkommenen Bündel ent-halten sind, oder durch doppelte freie Wahl hergestellt werden. Daß bei der doppelten freien Wahl auf rückwärtige Sperrungen geachtet werden muß, wird noch (S. 47) eingehend erläutert werden. Nach dieser Linie a kann man für $V = 0,001$ belasten:

	v =	10	20	50	100 Leitungen
mit Minuten		200	580	1950	4500
oder Stunden		3,3	9,7	32,5	75

Die Linie a nähert sich asymptotisch der 60-Minutenlinie, die sie für $v = \infty$ erreicht.

Oft ist es bequemer, nicht mit Minuten, sondern Stunden (y) zu rechnen. Die Abb. 6 gibt diese Zusammenhänge.

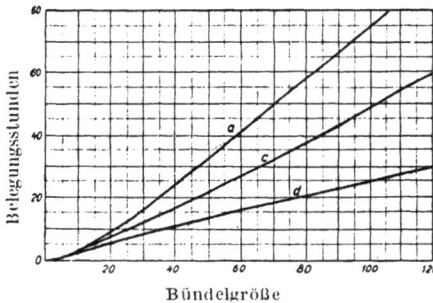

Abb. 6. Leistungen großer Bündel, V = 0,001.   Abb. 7. Leistungen kleiner Bündel, V = 0,001.

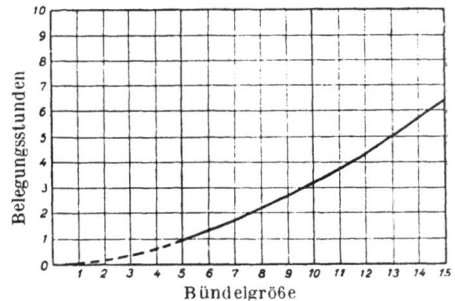

Die Abb. 7 läßt kleine Werte leichter ablesen. Ein Verkehr von $y = 1$ Belegungsstunde verlangt $v = 5$ Verbindungswege für einen Ver-lust $V = 0,001$. 10 Verbindungswege können mit 200 Min. $= 3,3$ Stun-den belegt werden.

Höhere Verluste als $V = 0,001$. Die Langerschen Linien gelten, wie gesagt, für $V = 0,001$. Man kommt aber oft in die Lage, höhere Werte zuzulassen oder umgekehrt bei gegebener Feldanordnung und Belastung den Verlust zu berechnen. Die englische Post hat folgende

Vorschrift erlassen: Der Verlust soll in jeder Verbindungsstufe $2^0/_{00}$ bei regelrechtem Verkehr betragen und bei zeitweisem Ansteigen des Verkehrs um 10% soll der Verlust 1% nicht übersteigen.

Messungen über $1^0/_{00}$ hinaus liegen nicht in der geschlossenen Form der Langerschen Kurven vor. Alle Angaben über höhere Verluste sind theoretisch gefunden, allerdings häufig auch durch Messungen bewahrheitet (s. Lit. 1 und Lubberger „Elektrische Nachrichtentechnik 1925", Heft 2).

Die Tafeln I und II sind mit der Gleichung von Rückle (Lit. 1) berechnet. Sie gelten für vollkommene Bündel.

Das unvollkommene Bündel.

Ein unvollkommenes Bündel ist eine Vielfachschaltung, in welcher die abgehenden Leitungen über ungleiche Gruppen der belegenden Kontakte gevielfacht sind. In der Abb. 8 bedeutet jeder kleine Kreis einen Satz von 3 Lötösen (für 3 adrige Leitungen). A, B, C .... K sind zehn verschiedene Gruppen belegender Kontakte, also z. B. 10 Klinkenstreifen an 10 verschiedenen Schränken, oder die 10 Ausgänge von 10 Rahmen von Wählern. Man beachte sehr wohl, daß ein Rahmen

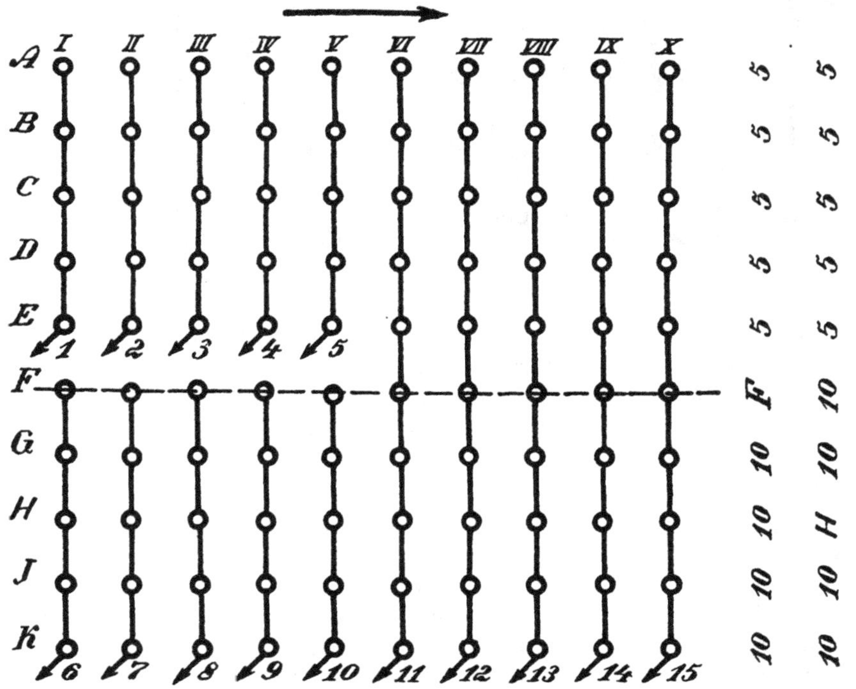

Abb. 8. Gestaffeltes Feld.

beliebig viele Wähler tragen mag. Ferner kann man sich auch denken, daß A in Abb. 8 die 10 Ausgänge der 4. Dekade des Rahmens A mit Gruppenwählern bedeutet; dann stellt B die 10 Ausgänge der 4. Dekade des Rahmens B mit Gruppenwählern dar. Wenn man das ganze Feld der 10dekadigen GW zeigen will, so muß man 10 Bilder anfertigen.

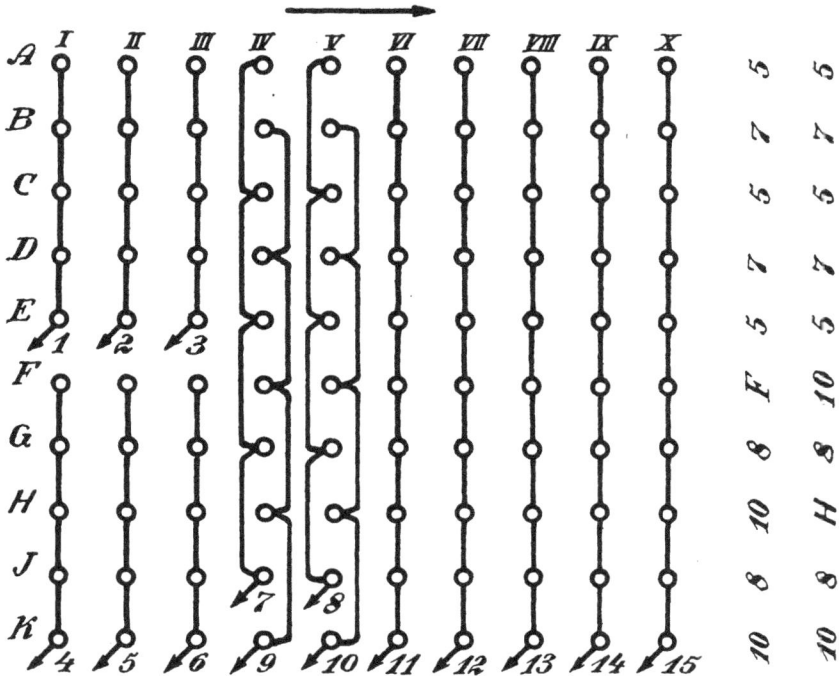

Abb. 9. Übergreifen.

Wir wollen annehmen, A stelle einen Rahmen mit 10 ersten Vorwählern (also 10 Teilnehmern), B einen anderen Rahmen dar usw. Im ganzen zeigt Abb. 8 also 100 belegende Kontakte in 10 Gruppen. Die Wähler suchen die Kontakte in der Pfeilrichtung ab, und zwar immer von einer Ruhelage aus. I ist der erstgeprüfte Ausgang, II der zweitgeprüfte Ausgang usw.

Staffeln. Unter „Staffeln" versteht man eine Vielfachschaltung, in welcher die Ausgänge über ungleich viele belegende Kontakte gevielfacht sind. Wir wollen 15 Leitungen von den 100 belegenden Kontakten ausgehen lassen und schalten den Ausgang 1 an die erste Suchstellung der Rahmen A bis E, den Ausgang 2 an II von A bis E usw., den Ausgang 6 an I von F bis K, Ausgang 10 an V von F bis K, den Ausgang 11 an VI von A bis K usw. Das Bündel von 15 abgehenden

Leitungen ist unvollkommen, da die Ausgänge 1 bis 5 die „Gruppen"
A bis E, Ausgänge 6 bis 10 die „Gruppen" F bis K, Ausgänge 11 bis
15 alle Gruppen umfassen; und das Bündel ist gestaffelt, weil die Zahl
der gevielfachten belegenden Punkte ungleich ist.

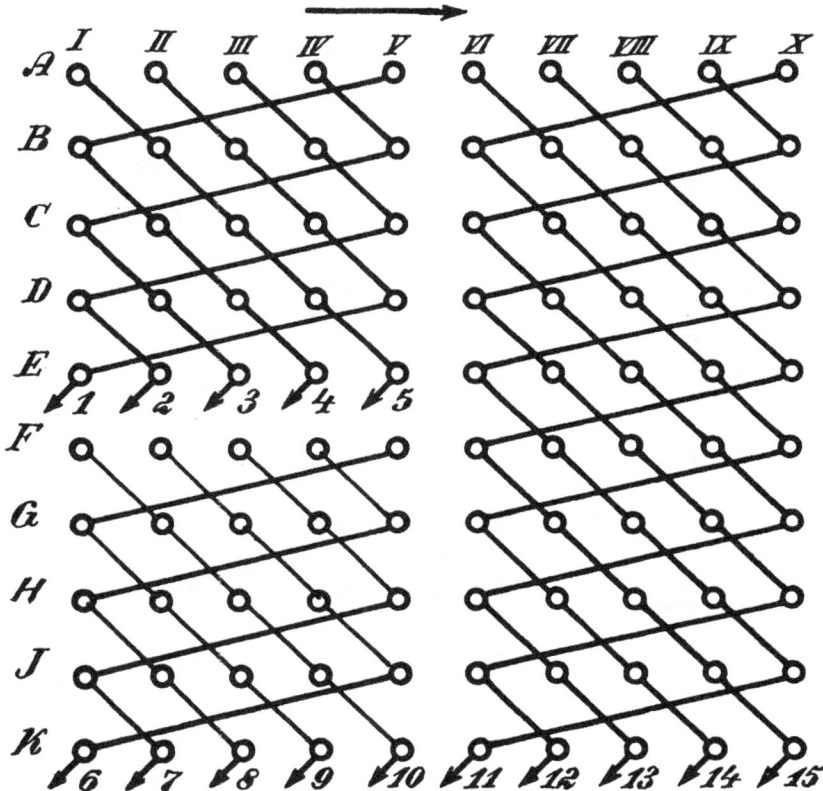

Abb. 10. Verschränken.

Übergreifen. Unter „Übergreifen" versteht man eine Vielfachschaltung derart, daß der Besetzteinfluß von Gruppe zu Gruppe möglichst
klein wird. Wenn man in Abb. 8 annimmt, der Rahmen F sei voll
belegt, so nimmt er den Rahmen G, H, J, K ja alle 10 Ausgänge weg,
während er den Rahmen A bis E je nur 5 Ausgänge wegnimmt (s. die
Zahlen rechts in Abb. 8). Da ja jeder Rahmen zufälligerweise eine
starke Verkehrsspitze aufweisen mag, soll man den Einfluß dieser Spitzen
eines Rahmens auf andere Rahmen möglichst niedrig machen.

In der Abb. 9 sind die Ausgänge 7 und 8 über die Rahmen A,
C, E, G, J, die Ausgänge 9 und 10 über die Rahmen B, D, F, H, K gevielfacht. Nimmt man bei dieser Einrichtung F als voll besetzt an, so

nimmt F nur noch den Rahmen H und K alle Ausgänge weg. Die Belästigung durch die Spitzen eines Rahmens ist also vermindert.

Verschränken. Unter „Verschränken" versteht man eine Vielfachschaltung derart, daß die Ausgänge möglichst gleich belastet werden. In Abb. 10 wird Kontakt I von A mit II von B, mit III von C usw.

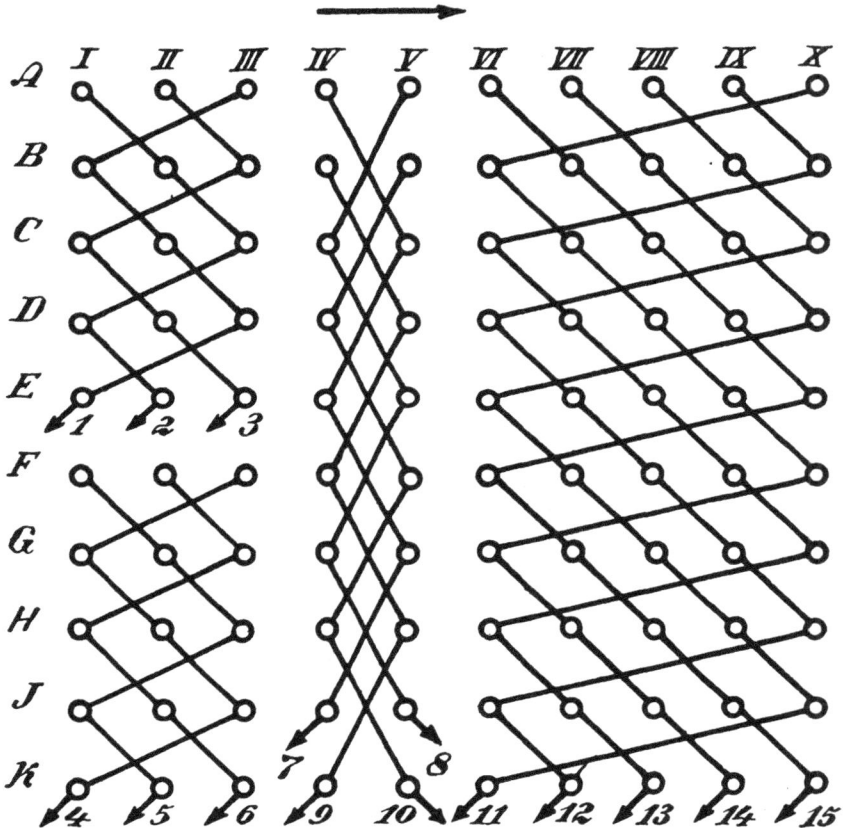

Abb. 11. Gemischtes Feld.

gevielfacht. Dann liegt jeder der Ausgänge 1 bis 10 je an einer ersten, zweiten .... fünften Suchstellung. Jeder der Ausgänge 11 bis 15 liegt je 2 mal an Suchstellungen VI, VII, VIII, IX, X.

Mischung. Unter einer „Mischung" (oder einem „gemischten Feld") versteht man eine Vielfachschaltung mit Staffeln, Übergreifen und gegebenenfalls auch Verschränken. Die Abb. 11 zeigt die Wiederholung der Abb. 9 mit Verschränkung, soweit Staffelung und Übergreifen dies zulassen.

Aufgabenstellung für die Berechnung gemischter Felder. Für gut gemischte Zehnerfelder hat M. Langer in der Abb. 5 die Linie c angegeben für einen Verlust V = 0,001. Wenn 15 Ausgänge auf ein Zehnerfeld verteilt sind, so leistet jeder Ausgang 21 Minuten. Bei 100 gemischten Ausgängen steigt die Leistung auf 30 Minuten je Ausgang. Die 100 Leitungen tragen also 50 Stunden.

Die Linie c der Abb. 5 läßt zwei sehr wichtige Fragen offen: 1. Wie verhalten sich die Staffeln bei Überlastungen, d. h. wie nehmen die Verluste beim Anwachsen des Verkehrs zu? 2. Sind die bisher üblichen Mischungen die beste Anordnung?

Grundlage der Berechnung. Erlang hat (s. O'Dell, Inst. Post. Office El. Eng., Heft 85) Gleichungen angegeben, aber ohne Ableitung, so daß man nicht weiß, wie weit man sich darauf verlassen kann. Die nachfolgende Berechnungsweise stammt aus dem Buche Rückle-Lubberger (Lit. 1). Hier werden nur die Ergebnisse in Schaulinien gezeigt. Für die Berechnung der Schaulinien sei auf das angegebene Buch selbst verwiesen.

Die Berechnung gemischter Felder beruht auf zwei Grundlagen:

1. Gruppenzuschläge,
2. Leistung eines Ausganges, abhängig von dem Angebot.

Die Gruppenzuschläge sind auf S. 24 an Hand der Abb. 4 erläutert. Die Leistungen der Ausgänge eines vollkommenen Zehnerbündels ohne Verschränkung sind in der Tafel III gezeigt. Die Abszisse stellt das Angebot dar, die Ordinaten die Leistungen der einzelnen Suchstellungen, z. B.:

Angebot $y =$	1	3
Suchstellung	Leistungen in Minuten	
1	29,2	48,0
2	17,8	43,3
3	8,4	34,7
4	3,2	24,3
5	1,0	15,2
6	0,3	8
7	—	3,9
8	—	1,5
9	—	0,6
10	—	0,1
Sa.	60,0	$\curvearrowright$ 180,0

Die Tafel III wird nur wenig gebraucht werden. Aus ihr sind die Tafeln IV, V entwickelt, wie folgt: Die Abszisse stellt wieder das Angebot in y Belegungsstunden dar, z. B. y = 3 = 180 Min. Dann leistet (nach Tafel III) die erste Suchstellung 48,0 Min. Die erste Suchstellung entläßt auf Suchstellung 2 also noch 180 — 48,0 = 132 Min. Ebenso für y = 4, Leistung der ersten Suchstellung 50,7 Min. entläßt auf 2 noch 240 — 50,7 = 189,3 Min. Die Linie „→2" der Tafel IV bedeutet die von der Suchstellung 1 „auf 2" entlassenen Minuten. Von diesen Angeboten verarbeitet nun die zweite Suchstellung die in der Linie „2" Tafel III angegebenen Minuten und 2 entläßt auf 3 die in der Linie →3 Tafel IV angegebenen Minuten.

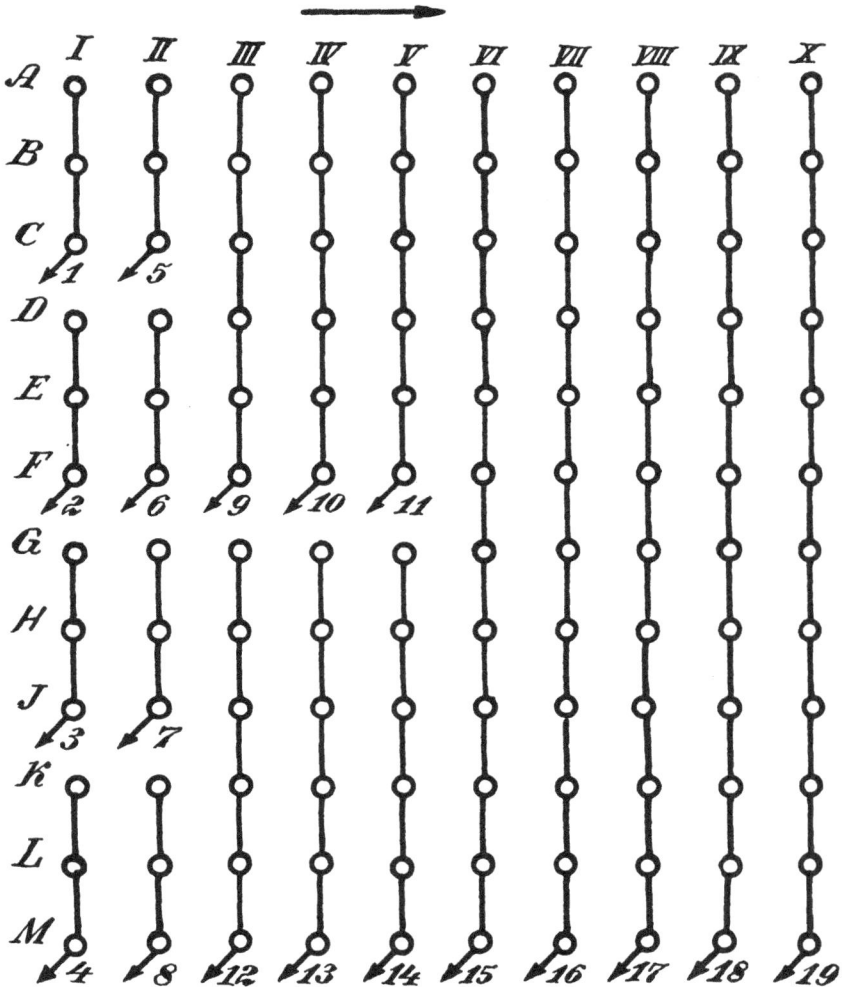

Abb. 12. Rechnungsschema einer 19-Staffel.

Die Tafel V zeigt die letzten Suchstellungen eines nicht verschränkten vollkommenen Zehnerbündels in vergrößertem Maßstabe. Die Tafeln IV, V zeigen eine 11. Leitung, die nicht vorhanden ist. Die auf 11 fließenden Minuten sind verloren, z. B. dem Zehnerfeld wird angeboten:

$$y = 3 \qquad 5 \qquad \text{Stunden}$$
$$= 180 \qquad 300 \qquad \text{Minuten}$$
$$\text{auf 11} \quad 0{,}15 \qquad 3{,}2 \qquad »$$
$$\text{Verlust} \quad \frac{0{,}15}{180} = 0{,}8\,^0/_{00} \qquad \frac{3{,}2}{300} = 1{,}1\,^0/_0.$$

Berechnung eines kleinen Feldes. Die Abb. 12 stellt 12 Lötösen-streifen A bis M mit 10 Suchstellungen I bis X dar. Die belegenden Wähler suchen sie in der Richtung des Pfeiles, stets von I beginnend, ab. Das Feld sei für 19 Leitungen gestaffelt. Das für eine tatsächliche Ausführung nötige Übergreifen ist der Übersichtlichkeit wegen wegge-lassen. Wir suchen die Belastungen für $1\,^0/_{00}$, $2\,^0/_{00}$, $5\,^0/_{00}$, $10\,^0/_{00}$ Verlust.

Die Suchstellung I   II   III   IV   V   VI   VII   VIII   IX   X
hat Ausgänge   4   4   2   2   2   1   1   1   1   1

y = 9 Stunden = 540 Minuten, Suchstellung I hat 4 Ausgänge. Teile 9 : 4 = 2,25. Deshalb ein Zuschlag nach u = 4 auf Abb. 4. Über der Ordinate y = 2,25 liest man ab 16%. Den Ausgängen 1, 2, 3, 4 werden also jeweils angeboten $1{,}16 \times 2{,}25 = 2{,}61$ Stunden. Was nun auf den einzelnen Ausgängen 1 und 5 oder 2 und 6 usw. vor sich geht, interessiert uns zurzeit nicht. Wir wollen wissen, wieviele Minuten der Ausgang 5 auf den Ausgang 9, und 6 auf 9 entläßt. Wir lesen das ab in Tafel IV: Dem Felde ist y = 2,62 (Abszisse) angeboten, also ent-läßt Suchstellung II auf Suchstellung III (s. Linie →3 über Abszisse y = 2,62) noch 70 Minuten. Dem Ausgang 9 (III Suchstellung) werden also zwei phasenverschobene Reste mit je 70 Minuten angeboten. Diese beiden Reste setzen sich zu einer Resultierenden zusammen, die kleiner ist als die Summe der Komponenten. Die Komponente ist 70 Minuten $\cong 1{,}2$ Stunden. Siehe Abb. 4: y = 1,2 Stunden, u = 2 gibt 8%. Also ist die Resultante $\dfrac{2 \cdot 70}{1{,}08} = 130$ Minuten. Den Ausgängen 9 und 10 werden also je 130 Minuten angeboten.

Das nun weiterhin angewandte Rechnungsverfahren hat keine wei-tere Begründung, als daß die Ergebnisse genau mit der Erfahrung über-einstimmen:

In Tafel IV ist zu sehen: Die Ordinate 130 Minuten schneidet die Linie →3 in einem Punkte über der Abszisse y = 3,81. Diese Ablesung ist für die Weiterrechnung überflüssig und dieses y = 3,81 hat keinerlei Bedeutung für uns. (Wenn in einem vollkommenen, nicht verschränkten Zehnerbündel der Suchstellung I 3,81 Stunden angeboten werden, so würde II auf III 130 Minuten entlassen.) Uns interessiert nur, was die Suchstellung V auf VI entläßt, wenn der Suchstellung III 130 Minuten angeboten werden. Wir gehen vom Schnittpunkt der Höhe 130 Minuten mit der Linie „ ⇥ 3" senkrecht hinunter auf die Linie „⇥ 6". Dort lesen wir ab 31 Minuten. Also entläßt V auf VI noch 31 Minuten. Dem Ausgang 15 (Suchstellung VI Abb. 12) werden also zwei phasenverschobene Reste von 31 Min. $\cong$ 0,5 Stunden angeboten. Die Resultante ist $\frac{2 \cdot 31}{1,10}$ = 56,5 Minuten. Der Abzug von 10% ist zu finden auf der Linie u = 2, Abszisse y = 0,5, Abb. 4.

Nun gehen wir in Tafel IV in der Höhe 56,5 Minuten zur Linie ⇥ 6 dann von diesem Schnittpunkt hinunter zur Linie ⇥ 11. Dort lesen wir ab ungefähr 2,5 Minuten. Das ist etwas zu ungenau. Wir machen eine Zwischenstufe. Wir gehen vom Schnittpunkt 56,5 Minuten ⇥ 6 hinunter zur Linie ⇥ 8 und lesen dort 17,5 Minuten ab. Dann gehen in Tafel V in der Höhe 17,5 Minuten zur Linie ⇥ 8 und vom Schnittpunkt hinunter zur Linie ⇥ 11 und lesen ab 2 Minuten. Das ist unser Verlust. Dem ganzen Felde waren 9 Stunden = 540 Min. angeboten. Also Verlust = $\frac{2}{540}$ = 0,0037 = 3,7⁰/₀₀. Leistung je Leitung $\frac{540}{19}$ = 28,4 Minuten.

y = 6,6 Stunden. I Suchstellung 6,6 : 4 = 1,65; nach Abb. 4 u = 4, y = 1,65 ist der Zuschlag 18%. Also auf I 1,18 × 1,65 = 1,95 Stunden. Wenn der Suchstellung I 1,95 Stunden angeboten sind, so entläßt II noch 42 Minuten. Die Suchstellung III hat nur zwei Ausgänge, also wird III angeboten $\frac{2 \cdot 42}{1,09}$ = 77'. Wenn auf III 77' fließen, so entläßt die Suchstellung V nur noch 12'. Die Suchstellung VI hat nur einen Ausgang, also kommen auf VI $\frac{2 \cdot 12}{1,125}$ = 21,4'. Wenn der Suchstellung VI 21,4 Minuten angeboten werden, so fließen (Tafel V) noch 0,4 Minuten auf XI. Das ist der Verlust. Also gleich $\frac{0,4}{60 \cdot 6,6} = \frac{0,4}{396}$ = 1⁰/₀₀. Leistung je Leitung $\frac{396}{19}$ = 20,8 Minuten.

y = 11; 11 : 4 = 2,75. Zuschlag 14%. Angebot auf I also 1,14 × 2,75 = 3,14. II entläßt 96'. Auf III = $\frac{2 \cdot 96}{1,07}$ = 180'. V entläßt 58'. Auf VI = $\frac{2 \cdot 58}{1,08}$ = 107'. Auf XI 8,5'. Also Verlust = $\frac{8,5}{660}$ = 12,9⁰/₀₀.

Trage die so berechneten Verluste in eine Kurve ein. Daraus entnimmt man:

Gestaffeltes Zehnerfeld mit 19 Ausgängen:

Verlust bei	y	Leistung je Leitung	
1⁰/₀₀	,,	6,6	21 Minuten
3⁰/₀₀	,,	8,6	27,2 ,,
5⁰/₀₀	,,	9,45	29,9 ,,
10⁰/₀₀	,,	10,4	32,8 ,,

Vergleich mit der Erfahrung. Abb. 5 stellt die gemessenen Werte dar. Für $v = 19$ liest man auf der Linie c etwa 21 Minuten ab. Die Rechnung hat also den gleichen Wert ergeben. Nach der Durchrechnung mehrerer solcher Staffeln erhält man die Abb. 13.

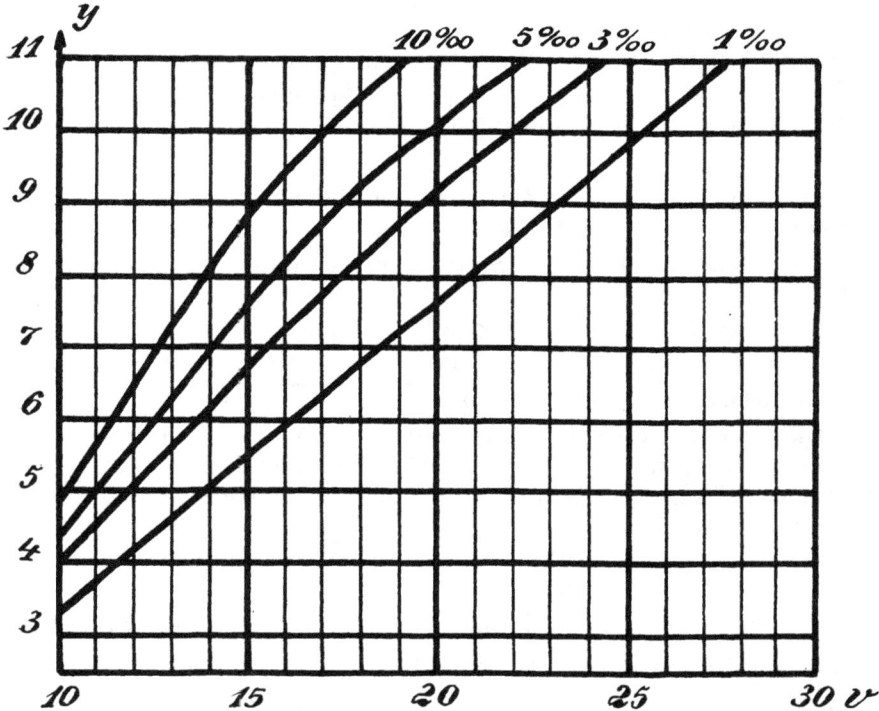

Abb. 13. Kleine gemischte 10er Felder in Teilnehmergruppen mit großen Schwankungen.
y ist die Belastung des Feldes in Belegungsstunden.
v ist die Zahl der Ausgänge aus dem Felde.

Einschränkung der Zuschlagswerte. Solange der Verkehr bei Teilungen und Zusammensetzungen die Voraussetzungen der verschieden liegenden (phasenverschobenen) HVSt erfüllt, also insbesondere in den Gruppen mit angeschlossenen Teilnehmerleitungen (Vorwahl, Leitungswähler), gelten die Zuschlagslinien der Abb. 4 ohne Einschränkung. Aber nicht an allen Stellen eines großen Wähleramtes ist diese Voraussetzung erfüllt. Der Verkehr von 2000 Teilnehmerleitungen sei durch doppelte Vorwahl z. B. auf 100 I GW zusammengefaßt. Diese seien in 10 Rahmen (von je 10 I GW) eingebaut. Der Zweck der doppelten Vorwahl ist ein Verkehrsausgleich. Deshalb werden die Belastungen der 10-GW-Rahmen nicht so stark phasenverschoben sein, wie wenn diese Rahmen nur von kleinen Teilnehmergruppen erreicht würden.

Die Phasenverschiebungen der Verkehrsmengen von Wählerrahmen hinter einer stark wirksamen Mischung (doppelte Vorwahl) sind also kleiner als ohne vorgeschaltete Mischung. Die Theorie ist noch nicht so weit gediehen, um diese Vorgänge ziffernmäßig zu erfassen. Das in nachfolgenden Beispielen angewandte Verfahren ist theoretisch anfechtbar, aber das Verfahren wurde durch Vergleich mit der Erfahrung als brauchbar festgestellt. Das Verfahren besteht darin, daß man die Teilung auf die erste Suchstellung ohne Zuschlag, alle nachfolgenden Teilungen und Zusammenfassungen aber mit vollen Zuschlägen berechnet.

Einseitige Staffeln von Zehnerfeldern hinter der doppelten Vorwahl, insbesondere hinter den I. GW.

Wir wollen als Beispiele Staffeln mit 25 und 136 Ausgängen berechnen:

Die 25er-Staffel habe folgendes Schema:

Suchstellung	I	II III IV V	VI VII VIII IX X
Ausgänge	5	10	10

Die Klammer über den Ziffern 10 bedeutet, daß 10 Ausgänge über die Suchstellungen II bis V und andere 10 Ausgänge über die Suchstellungen VI bis X verschränkt sind. Für die Rechnung vereinfachen wir das Schema zu:

I	II	III	IV	V	VI	VII	VIII	IX	X
5	2,5	2,5	2,5	2,5	2	2	2	2	2

$y = 10$; teile $10 : 5 = 2$, hier kein Zuschlag, weil die Staffel von I. GW abgeht. Auf I 2 Stunden. I entläßt 77,5. Auf II $\dfrac{5 \cdot 77,5}{2,5 \cdot 1,08}$

$= \dfrac{2 \cdot 77,5}{1,08} = 145$. V entläßt 19'; auf VI $\dfrac{2,5 \cdot 19}{2}$ (kein Abzug, weil das Verhältnis der Zusammensetzung $\dfrac{2,5}{2}$ zu klein ist) $= 23,8'$. X entläßt 0,45'; auf XI $\dfrac{2 \cdot 0,45}{1,15} = 0,78'$.

Verlust $\dfrac{0,78}{600} = 1,3 \,^0/_{00}$.

$y = 12,5$. $\dfrac{12,5}{5} = 2,5$ Stunden auf I; I entläßt 104'; auf II $\dfrac{2 \cdot 104}{1,06}$

$= 196'$; V entläßt 38,5'; auf VI $\dfrac{2,5 \cdot 38,5}{2} = 48'$; X entläßt (nach Abb. 16) 1,4'; auf XI $\dfrac{2 \cdot 1,4}{1,15} = 2,44'$.

Verlust $\dfrac{2,44}{750} = 3,25 \,^0/_{00}$.

y = 15. Auf I $\frac{15}{5} = 3$ Stunden; I entläßt 133′; auf II $\frac{2 \cdot 133}{1,05}$ = 253; V entläßt 72′; auf VI $\frac{2,5 \cdot 72}{2} = 90′$. X entläßt 6′.

Verlust $\frac{2 \cdot 6}{1,14} = 10,5′$; Verlust $\frac{10,5}{900} = 11,6^0/_{00}$. Trage diese Ergebnisse als Kurve auf und entnehme:

Verlust	bei y	Zuwachs	Leistung je Leitung
$1^0/_{00}$	9,5	—	22,8′
$3^0/_{00}$	12,3	$29^0/_0$	29,5′
$5^0/_{00}$	13,3	$40^0/_0$	31,8′
$10^0/_{00}$	14,7	$55^0/_0$	35,2′.

Die Langersche Kurve c (Abb. 5) gibt für $1^0/_{00}$ Verlust und 25 Ausgänge genau den gleichen Wert 22,8′ an.

Die 136er-Staffel habe folgendes Schema:

I	II	III	IV	V	VI	VII	VIII	IX	X
32	16	16	16	16	8	8	8	8	8

y = 64. Auf I $\frac{64}{32} = 2$; I entläßt 77,5; auf II $\frac{2 \cdot 77,5}{1,08} = 145′$; V entläßt 19′; auf VI $\frac{2 \cdot 19}{1,15} = 33′$; X entläßt 0,65′; auf XI $\frac{8 \cdot 0,65}{1,50}$ = 3,48;

Verlust $\frac{3,48}{3840} = 0,9^0/_{00}$.

y = 80. Auf I $\frac{80}{32} = 2,5$; I entläßt 104′; auf II $\frac{2 \cdot 104}{1,06} = 196′$; V entläßt 39′; auf VI $\frac{2 \cdot 39}{1,10} = 71′$; X entläßt 3,4′; auf XI $\frac{8 \cdot 3,4}{1,48}$ = 18,5.

Verlust $\frac{18,5}{4800} = 3,85^0/_{00}$.

y = 96. Auf I $\frac{96}{32} = 3$ Stunden; I entläßt 133′; auf II $\frac{2 \cdot 133}{1,05}$ = 253; V entläßt 72′; auf VI $\frac{2 \cdot 72}{1,07} = 135′$; X entläßt 15′; auf XI $\frac{8 \cdot 15}{1,46} = 82′$;

Verlust $\frac{82}{5760} = 14,2^0/_{00}$.

Aus einer graphischen Darstellung dieser Werte entnimmt man

Verlust	bei	y	Zuwachs	Leistung je Leitung
$1^0/_{00}$		66,5	—	29,4′
$3^0/_{00}$		76,4	15%	33,8′
$5^0/_{00}$		83	25%	36,6′
$10^0/_{00}$		91,5	38%	40,5′.

Die Langersche Kurve c (Abb. 5) reicht nur bis v = 100 Leitungen, wo eine Leistung von 30′ angegeben ist. Da die Leistungen über v = 100 nur langsam zunehmen, kann man nach der Erfahrung für v = 136 eine Leistung von 30,2 Minuten schätzen. Die Rechnung ergibt nur 29,4 Minuten, also eine Minderleistung von 3%. Die an sich kleine Unstimmigkeit kommt von den theoretisch nicht begründeten Annahmen für die Berechnung der Staffeln hinter der doppelten Vorwahl. Der Unterschied ist aber klein, und zwar ergibt die Rechnung eine Minderleistung, also eine etwas zu große Wählerzahl, ist also sicher.

Für den Entwurf der Abb. 14 sind noch mehrere Staffeln zwischen 25 und 136 Ausgängen berechnet worden.

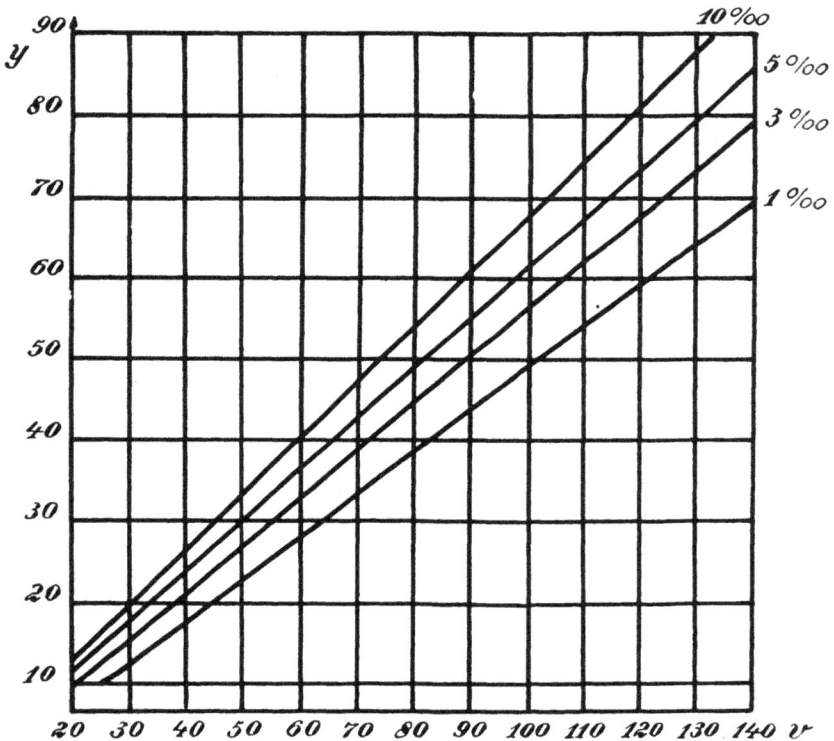

Abb. 14. Gemischte 10er Felder hinter einer Mischung.
y ist die Belastung des Feldes.
v ist die Zahl der Ausgänge aus dem Felde.

Vergleich der großen berechneten Verluste gemischter Felder mit der Erfahrung. Es liegen leider keine Messungen vor. In der Zeitschrift „Elektrische Nachrichtentechnik" 1925, Heft 2, zeigte aber Lubberger die genaue Übereinstimmung der berechneten und gemessenen Leistungen gestaffelter Ausgänge aus einem Zehnerfeld für kleine und sehr große Belastungen. Da nun die ganze Rechnung auf diesen Leistungen aufgebaut ist, dürften die Ergebnisse auch für große Verluste nur wenig von der Wirklichkeit abweichen.

Empfindlichkeit der Felder gegen Überlastung. Die Frage lautet: Wenn die Belastung um x% über die Belastung für $1^0/_{00}$ Verlust steigt, wie groß werden die Verluste? Schon eine einfache Überlegung zeigt, daß Felder mit hoher Leistung je Ausgang gegen Überlastung empfindlicher sein müssen, als Felder mit kleiner Leistung je Ausgang. Da die vollkommenen Felder stets die höchsten Leistungen aufweisen, müssen sie auch gegen Überlastung am empfindlichsten sein. Die bereits beschriebenen Abbildungen geben die Antwort:

	Verlust	bei y	Überlastung
vollkommenes	$1^0/_{00}$	3,3	—
10er-Bündel	$3^0/_{00}$	4	21%
	$5^0/_{00}$	4,25	29%
	$10^0/_{00}$	4,75	44%
vollkommenes	$1^0/_{00}$	75	—
100er-Bündel	$3^0/_{00}$	81,5	9%
	$5^0/_{00}$	85	13%
	$10^0/_{00}$	89	19%
gemischtes	$1^0/_{00}$	9,5	—
25er-Bündel	$3^0/_{00}$	12,3	29%
	$5^0/_{00}$	13,3	40%
	$10^0/_{00}$	14,7	55%
gemischtes	$1^0/_{00}$	66,5	—
136er-Bündel	$3^0/_{00}$	76,4	15%
	$5^0/_{00}$	83	25%
	$10^0/_{00}$	91,5	38%

Das vollkommene 100er-Bündel läßt also nur 19% Überlastung zu, wenn $10^0/_{00}$ Verlust nicht überschritten werden soll. Demgegenüber verträgt das gemischte 136er-Bündel 38% Überlastung für den gleichen Verlust.

Wenn die Annahmen über den zu bewältigenden Verkehr für den Bau einer neuen Anlage sehr unsicher sind, so dürfte es sich empfehlen, die Amtsverbindungsleitungen zunächst an gemischte Bündel anzuhängen, weil dann eine ziemlich starke Überschreitung der Annahmen die Verluste nicht ins Unzulässige steigern wird. Ferner spricht diese Erkenntnis gegen Wählertypen mit großen Feldern.

n teilige gemischte Felder. Die Tafeln III, IV, V gelten nur für das 10teilige Feld. Die Zuschlagswerte der Abb. 4 sind selbstverständlich lediglich Verkehrszahlen und haben nichts mit der Apparatur zu tun, sind also allgemein gültig. Sehr oft kommt man in die Lage, andere als 10 teilige Felder beurteilen zu müssen. Für beliebig große vollkommene Bündel gelten die Abb. 5 Linie a für $1^0/_{00}$ Verlust und die Tafeln I, II für größere Verluste. Es handelt sich hauptsächlich um ein schnelles Verfahren, wenigstens angenähert die Leistungen und Verluste n teiliger gemischter Felder zu finden. Als Beispiel wollen wir ein 20 teiliges Feld behandeln. Man gehe in der Abb. 5 vom Schnittpunkt der Ordinate v = 20 mit der a-Linie aus: 29 Minuten, d. h. von der Leistung eines vollkommenen 20 er-Bündels. Durch diesen Punkt ziehe man die (in Abb. 5 bereits gezeichnete) Linie ε parallel zur Linie c. Sie endet auf der Ordinate v = 100 bei 36 Minuten. Das ist die Leistung der gemischten 20 teiligen Felder für $1^0/_{00}$ Verlust. Es sei übrigens mitgeteilt, daß solche Linien durch Nachrechnung nachgeprüft und bestätigt wurden. Um zu einem Bilde entsprechend den Abb. 13, 14 für größere Verluste zu kommen, rechne man die geleisteten Belegungsstunden aus, z. B.:

v = 20,	40,	60,	80,	100
Minuten 29	32,5	34,5	35,5	36
Stunden 9,7	21,6	34,5	47,5	60

Diese Stunden trage man als $1^0/_{00}$ Linie in ein Bild ähnlich Abb. 13, 14 ein. Um die größeren Verluste zu erhalten, bedenke man den allgemeinen Lehrsatz, daß stärker belastete Felder gegen Überlastung empfindlicher sind als die schwächer belasteten Felder. Die hohen Verluste der gemischten 10 teiligen Felder sind in Abb. 13 angegeben. Man zeichne also die Linien für $3^0/_{00}$, $5^0/_{00}$, $10^0/_{00}$ für etwas größere Leitungszahlen ein. Genau ist das Verfahren nicht, aber zu einem angenäherten Vergleich reicht es aus.

Zu- und Abflüsse von Verkehrsmengen in verschiedenen Verbindungsstufen. In großen Anlagen wird meistens die Dekade „0" der I. GW für besondere Zwecke gebraucht: 01 Anmeldung von Ferngesprächen, 02 Auskunft, 03 Störungsmeldung. Leitungsstörungen belegen häufig einen I. GW. Diese Verkehrsmengen fließen also vom I. GW ab und erreichen die II. GW nicht. Diese Verkehrsmenge kann bis zu 25% des gesamten Verkehrs ausmachen.

Sehr groß ist der Abfluß nach einem Handamt, wenn der Teilnehmer eines Wähleramtes durch Ziehen, z. B. einer „9", die Handamtsbeamtin anruft.

Umgekehrt fließt der Verkehr von anderen Ämtern in der Stufe der II. oder III. GW zu. Die Berechnung dieser Verkehrsmengen ist S. 20 geschildert worden. Wenn der Fernverkehr über Wähler verteilt wird, so fließt er unter Umständen erst den gemeinschaftlichen Leitungswählern zu.

Man muß also zuerst die gesamten hin- und herfließenden Verkehrsmengen feststellen, bevor man die Wählerzahl berechnet.

Besondere Einflüsse der Grundgrößen s, c, t. Alle Unterlagen zeigen die Zusammenhänge zwischen y Belegungsstunden, v Verbindungswegen und V Verlust. Es fragt sich, ob $y = ct$ beliebig zusammengesetzt sein kann, z. B. 200 Minuten: $c = 50$ und $t = 4$ Minuten, $c = 100$, $t = 2$; oder $c = 1000$ und $t = 0,2$ Minuten. Diese Frage spielt z. B. eine Rolle bei der Berechnung der Zahl der Speicher für Wähleranlagen mit Maschinenantrieb. Es sollen $c = 9000$ Verbindungen gespeichert werden, die Belegungszeit eines Speichers sei 12 Sekunden $= 0,0033$ Stunden, also $y = 9000 \times 0,0033 = 30$ Stunden. Nehmen wir der Einfachheit halber an, der Verkehr fließe den Speichern in einem vollkommenen Bündel zu, so wären (nach Tafel II) 47 Speicher nötig, abgesehen von Ersatzspeichern bei Störungen. Die Rechnung gilt aber nur, wenn die Einzelwerte von c und t keinen Einfluß haben.

Eine Überlegung zeigt, daß dies der Fall sein muß. Für $y = 10$ braucht man $v = 21$ Leitungen. Wenn aber eine Gruppe (etwa Börsenanschlüsse) von 15 Sprechstellen diese $y = 10$ Stunden abgehend sprechen, so können doch nur 15 Leitungen belegt werden, und zwar ohne Verlust. Also müssen „Vielsprecher" den Verkehr ebnen. Das ist auch aus einer einfachen Überlegung klar. Ein Starksprecher macht z. B. 20 Belegungen in 1 Stunde. Diese 20 Belegungen reihen sich zwangsweise zeitlich aneinander, sie können nicht übereinander fallen. Das ist das Ebnen des Verkehrs.

Die Theorie gestattet die Berechnung solcher Fälle (s. Hoefert, Z. f. Fernmeldetechnik 1922, Heft 5). Es sei hier mitgeteilt, daß der Einfluß beginnt, sich bemerkbar zu machen, wenn die Belegungszeit einer Teilnehmerleitung 4 Minuten in der Stunde überschreitet. Also sehr kurze Belegungszeiten haben keinen Einfluß auf v und V.

Eine weitere Frage lautet, ob nicht ein sehr langes Einzelgespräch stört. Z. B. sei $y = 2$ Stunden und eine Verbindung dabei sei 0,75 Stunden. Auch diesen Fall hat die Theorie geklärt (s. Lit. 1). Sehr lange Gespräche stören den Betrieb und erhöhen die Verluste.

Einseitige Staffeln. Alle bisher behandelten Staffeln haben das gemeinsame Merkmal, daß die Zahl der gevielfachten belegenden Punkte beim Weiterschreiten in der Suchrichtung gleichbleibt oder zunimmt. Zur Unterscheidung dieser bisher allein üblichen Staffeln gegen die Wechselstaffeln seien sie als „einseitige Staffeln" bezeichnet.

Wechselstaffel. Wir kommen zu der Aufgabe, die günstigste Staffel zu suchen. Auf der Erkenntnis fußend, daß bei Verkehrsteilungen Zuschläge, bei Zusammenfassungen Abzüge gemacht werden müssen, stellte ich einen Grundsatz für eine neue Art von Staffelung auf: Die Zahl der gevielfachten belegenden Punkte soll beim Weiterschreiten in der Suchrichtung zu- und abnehmen, und zwar so, daß bei Verkehrsteilungen die Zuschläge klein, bei Zusammenfassungen die Abzüge groß werden. Wir wollen eine 19er- und eine 50er-Staffel untersuchen.

Wechselstaffel für 19 Ausgänge. Sie habe das Schema:

Suchstellung	I	II	III	IV	V	VI	VII	VIII	IX	X
hat Ausgänge	3	6	2	2	1	1	1	1	1	1

Die Teilung für die erste Stellung ergibt ziemlich hohe Teilbeträge, daher werden die Zuschläge nicht allzu groß. Von II nach III kommt eine Zusammenfassung von ziemlich kleinen Resten, so daß die Abzüge ziemlich groß werden.

$y = 7$. $\dfrac{7}{3} = 2,33$, Zuschlag 11%. Auf I $1,11 \cdot 2,33 = 2,58$; I entläßt 109'; auf II $\dfrac{3 \cdot 109}{6} \cdot 1,08 = 59'$; II entläßt 30'; auf III (Zusammenfassung) $\dfrac{6 \cdot 30}{2 \cdot 1,19} = 75,5'$; IV entläßt 23'; auf V $\dfrac{2 \cdot 23}{1,12} = 41'$; V entläßt 21,5'; auf VI 21,5'; daher auf XI noch 0,4'. Verlust $\dfrac{0,4}{420} = 0,95\,^0/_{00}$.

Für $y = 9$ erhält man $3,5\,^0/_{00}$ Verlust,
für $y = 11$ erhält man $11,3\,^0/_{00}$ Verlust oder

Verlust	für y	Leistung je Leitung
$1\,^0/_{00}$	7,2	22,8 Minuten
$3\,^0/_{00}$	8,8	27,8 ,,
$5\,^0/_{00}$	9,6	30,4 ,,
$10\,^0/_{00}$	10,8	34 ,,

Vergleich der Leistungen einer einseitigen Staffel 4, 4, 2, 2, 2, 1, 1, 1, 1, 1 und der Wechselstaffel für 19 Ausgänge:

Verlust	Leistung Abb. 12	Wechselstaffel	Mehrleistung
$1\,^0/_{00}$	21 Minuten	22,8 Minuten	8%
$3\,^0/_{00}$	27,2 ,,	27,8 ,,	3%
$5\,^0/_{00}$	29,9 ,,	30,4 ,,	3%
$10\,^0/_{00}$	32,8 ,,	34 ,,	4%.

Große Wechselstaffel für 50 Ausgänge hinter einer Mischung. Das Rechnungsschema dieser Staffel sei:

Suchstellung	I	II	III	IV	V	VI	VII	VIII	IX	X
Ausgänge	8	16	4	6	2	3	4	1	2	4

Da dieser Staffel eine doppelte Vorwahl vorliegt, schadet die erste Teilung in 8 Teile nichts, weil ja kein Zuschlag gemacht wird. Die übrigen

Teilungen sind klein. 8 Ausgänge von I teilen sich in 16 Ausgänge in II. Die Zusammenfassungen sind groß 16 : 4 und 6 : 2 und 4 : 1. Diese Wechselstaffel läßt eine größere Mehrleistung als die entsprechende einseitige Staffel erwarten:

Für die 50er-Wechselstaffel erhält man:

Verlust	für y	Leistung je Leitung	
$1^0/_{00}$	24	28,8	Minuten
$3^0/_{00}$	27,5	33	,,
$5^0/_{00}$	29,8	35,8	,,
$10^0/_{00}$	33,5	40,2	,,

Vergleich mit einer 50er einseitigen Staffel:

Verlust	einseitig	Wechsel	Mehrleistung
$1^0/_{00}$	26,2	28,8	10%
$3^0/_{00}$	31,8	33	4%
$5^0/_{00}$	34,8	35,8	3%
$10^0/_{00}$	38,4	40,2	5%

In den beiden Vergleichen der 19er und 50er einseitigen und Wechselstaffel fällt auf, daß die Mehrleistung bei $1^0/_{00}$ Verlust eine ganz beachtliche Höhe zeigt, 8% bis 10%, während bei Überlastungen die Mehrleistung kleinere Werte zeigt. Das kommt von der Empfindlichkeit der Felder gegen Überlastung.

Die Abb. 15 zeigt einen Vergleich zweier 80er Staffeln. Die Messung ergibt noch größere Mehrleistungen der Wechselstaffeln als die Rechnung.

Verlust	$1^0/_{00}$	$3^0/_{00}$	
y bei einseitiger Staffel . . .	38	43	Bel.-Std.
y bei Wechsel-staffel . . .	44,5	50	,,
Mehrleistung .	17%	16%	,,

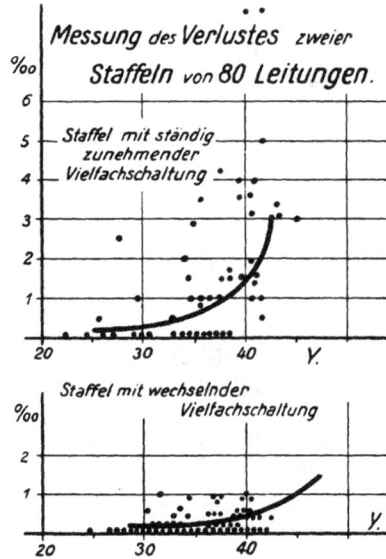

Abb. 15. Vergleich einer einseitigen und eine Wechselstaffel mit 80 Ausgängen.

Rückwärtige Sperrung. Die doppelte freie Wahl ist beispielsweise folgendermaßen aufgebaut:

20 Vorwählergestelle mit je 100 VW und 10 Ausgängen, also zusammen 200 Ausgängen.

Jeder Ausgang führt zu einem zweiten Vorwähler (also 200 II. VW). Die II. VW sind in 10 Gruppen zu je 20 II. VW zusammengefaßt, die

mit A, B, C .... K bezeichnet seien. Die Ausgänge der I. VW sind
folgendermaßen verschränkt:

Ausgang	I	der VW	1000	an	II. VW	in	Gruppe	A
,,	II	,, ,,	1000	,, ,,	,, ,,	,,		B
,,	X	,, ,,	1000	,, ,,	,, ,,	,,		K
,,	I	,, ,,	1100	,, ,,	,, ,,	,,		B
,,	II	,, ,,	1100	,, ,,	,, ,,	,,		C
,,	X	,, ,,	1100	,, ,,	,, ,,	,,		A
,,	I	,, ,,	1200	,, ,,	,, ,,	,,		C
,,	II	,, ,,	1200	,, ,,	,, ,,	,,		D
,,	X	,, ,,	1200	,, ,,	,, ,,	,,		B usw.

Die je 10 Ausgänge der II. VW führen zu I. GW (also 100 I. GW).
Jede Gruppe II. VW hat also 20 Zugänge und 10 Ausgänge. Wenn
diese 10 Ausgänge belegt sind, so müssen die noch übrigen 10 Zugänge
„rückwärts gesperrt" werden. Denn ein I. VW darf einen Zugang zu
einer Gruppe II. VW nicht belegen, wenn diese Gruppe II. VW keinen
freien Ausgang mehr hat. Die Ausgänge aus den I. VW werden also
zum Teil durch regelrechte Verbindungen, zum Teil rückwärts gesperrt.
Die Belegungszeit dieser Ausgänge wird also erheblich vergrößert.

Lubberger (Elektr. Nachrichtentechnik 1925, Heft 2) stellte eine
Theorie auf und machte Messungen. Die Theorie ergab, daß bei einer
gewöhnlichen doppelten Vorwahl (y = 75 Belegungsstunden) 32 Ausgänge (= 16%) der 200 Ausgänge aus den I. VW dauernd rückwärts
gesperrt sind. Die Messung hat ergeben, daß dieser Zustand erst bei
etwa y = 82 Stunden eintritt. Die Theorie ist von Frei (Elektr. Nachrichtentechnik, Mai 1926) kritisch behandelt worden, aber sie ist noch
nicht vollständig geklärt. Immerhin kann man sich helfen, wenn man
theoretisch rechnet und die Belastung um etwa 10% erhöht.

Soviel ist sicher, daß die rückwärtige Sperrung die Belegungszeiten der Verbindungsleitungen zwischen der ersten und zweiten Misch-
stufe vergrößert.

Wartezeiten. Es gibt mehrere Wählersysteme (Bell, Antwerpen;
Ericsson, Stockholm), in welchen die Wähler, die keinen freien Ausgang
finden, so lange suchen, bis ein Ausgang frei geworden ist. Die Verbindungen gehen also nicht verloren, sondern werden verzögert. Man
bezeichnet die verlängerten Suchzeiten als „Wartezeiten". Daran
schließen sich zwei Aufgaben: 1. Wie groß sind diese Wartezeiten?
2. Wie ist die Wählerberechnung zu gestalten, wenn nicht mehr Verluste, sondern Wartezeiten in die Betriebsgüte eingesetzt werden
müssen?

Die Größe der Wartezeiten ist im wesentlichen von H. Merker
(Post Office El. Eng. Journal, Januar 1924 und ETZ. 1924, S. 1076

und Rückle-Lubberger, Lit. 1) geklärt worden. Man kann die Wartezeiten berechnen mit der Gleichung:

$$\text{Wartezeit} = w_v \cdot \frac{\dfrac{y}{v+k}}{1 - \left(\dfrac{y}{v+k}\right)^2}$$

darin ist:

$$w_v = e^{-y} \cdot \frac{y^v}{v!} \,.$$

y = Belegungsstunden,
v = Zahl der Ausgänge (vollkommenes Bündel),
v — k etwas größer als v, also
v — k ungefähr = 1,1 v.

Beispiel: y = 3,33 Stunden,
v = 10 Ausgänge,
w_v = 0,001.

$$\text{Wartezeit} = 0,001 \cdot \frac{\dfrac{3,33}{11}}{1 - \left(\dfrac{3,33}{11}\right)^2} = 0,001 \cdot 33 \text{ Stunden} = 1,2 \text{ Sekunden.}$$

Man darf die Wartezeiten nicht sehr groß machen, sondern muß sie in bestimmten Grenzen halten. Wenn sie zu groß werden, so sammeln sich in diesen Verkehrsspitzen so viele wartende Verbindungen, daß die Wählerstufe verstopft wird. Infolge Mangels an Messungen und von Angaben der Firmen, die solche Anlagen bauen, kann man sich an folgendes Verfahren der Berechnung der Wählerzahlen für Systeme mit Wartezeiten halten: Man berechnet sie genau so, als ob wirkliche Verluste einträten, also nach dem oben geschilderten Verfahren. Will man dann die Wartezeiten nachrechnen, so kann das mit der angegebenen Gleichung für vollkommene Bündel geschehen. Für gemischte Felder fehlt zurzeit noch jede Angabe.

Einfluß der Verschränkung auf die Leistung. Eine einfache Überlegung zeigt, daß die Verschränkung keinen Einfluß auf die Leistung haben kann. Betrachten wir eine Gruppe ankommender Leitungen, so erzeugen sie einen Verkehr, der (bei kleinen „Verlusten") von der Art, wie er verarbeitet wird, vollständig unabhängig ist. Ob ein Wähler oder eine mit der Stöpselspitze suchende Beamtin eine oder mehrere Stellungen absuchen muß, ist gleichgültig. Der Verkehr verlangt z. B. 8 gleichzeitig verfügbare Leitungen ohne Rücksicht auf die Reihenfolge, wie ihm diese bereitgestellt sind.

Aber auch die Rechnung ergibt dasselbe. In der Abb. 16a sind A B C drei Rahmen, I II III usw. die Suchstellungen. Abb. 16a zeigt

für die Suchstellungen I II III drei unverschränkte Ausgänge 1, 2, 3.
Wir belasten die Suchstellung I mit y = 3 Stunden. Dann entläßt III
auf IV noch 55'. Die drei Ausgänge verarbeiten also 180 — 55 = 125'
oder im Mittel 125 : 3 = 41,6'. In Abb. 16b sind die Ausgänge verschränkt. Teile 3 Stunden in 3 Teile = 1 + 15% Zuschlag = 1,15.
Einer Suchstellung werden angeboten 1,15 Stunden = 69'. Dann werden der Suchstellung II 37' angeboten und der Suchstellung III werden
17' angeboten: Zusammen werden der verschränkten Leitung die phasenverschobenen Mengen 69 + 37 + 17 = 123 angeboten. Es ist eine Zusammensetzung aus 3
Teilen mit einem Mittel-
wert von etwa 40', daher
Abzug 15%. Jeder ver-
schränkten Leitung wer-
den also $\dfrac{123}{1,15}$ = 107'
= 1,78 Stunden ange-
boten. Bei einer solchen
Belastung entläßt die
Leitung 66'. Die Lei-
tung leistet also 107

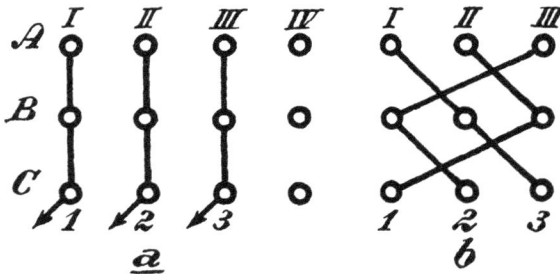

Abb. 16. Verschränkung.

— 66 = 41'. Im nicht verschränkten Bündel berechneten wir 41,6' mittlere Leistung, verschränkt 41' einschließlich einer Teilung und einer Zusammensetzung. Bei ganz genauem Ablesen der Zuschläge wären wir
auf genau 41,6' gekommen. Also auch die Rechnung ergibt, daß die
Verschränkung keinen Einfluß auf die Leistung hat.

Wähler mit und ohne Ruhelage. Das Staffeln setzt voraus, daß die
Wähler (oder Beamtinnen) das Feld stets von einer bestimmten Stellung
(Ruhestellung) aus absuchen. Denn jeder Wähler soll versuchen, seinen
Verkehr auf einer möglichst bald erreichten Suchstellung abzuladen.
Es gibt Vorschläge, in denen die Wähler in der zuletzt benutzten Stellung stehen bleiben. Diese Verteilung der Ausgangspunkte kommt auf
eine Verschränkung hinaus. Nun kann man (s. Abb. 11) die Verschränkung nur über Suchstellungen mit gleicher Anzahl gevielfachter Punkte
ausdehnen. Mit anderen Worten: Wähler ohne Ruhestellung haben
nur Sinn für vollkommene Bündel.

Gleichmäßige Abnutzung. Verschränkte Felder verteilen die Be-
lastung gleichmäßig über die Apparate der nachfolgenden Wahlstufe.
Viele Wirtschafter stehen auf dem Standpunkte, daß die gleichmäßige
Abnutzung sehr erwünscht sei. Sie machen den gemischten Feldern den
Vorwurf, daß die Apparate der nachfolgenden Wahlstufe ungleich d. h.
unwirtschaftlich abgenutzt würden. Ich stehe auf dem Standpunkt,
daß die ungleichmäßige Abnutzung die wirtschaftlichere Form ist.
Angenommen ein Wähleramt lebe 30 Jahre. Bei vollständig gleich-

mäßiger Abnutzung würde in den ersten Jahren keinerlei Ersatz und Ersatzarbeit zu leisten sein. Nach und nach vergrößern sich die Abnutzungen, so daß man eingreifen muß, und zwar an allen Wählern gleichzeitig. Gegen Ende der Betriebsdauer müßte das Personal wesentlich größer sein als im Anfang. Wenn aber einzelne Wähler stark, andere wenig abgenutzt werden, so treten die Ersatzkosten bei den stark abgenutzten Wählern früher ein, und man kann ein stets gleichgroßes Personal von Beginn ab gleichmäßig beschäftigen. Man kommt also zu dem Satze: Gleichmäßige Abnutzung der Einrichtungen macht die Unterhaltungskosten unregelmäßig, ungleiche Abnutzung macht die Belastung der Apparate ungleichmäßig. Bei wirtschaftlichen Rechnungen ist die gleichmäßige Verteilung der Unkosten die ausschlaggebende Forderung.

IV. Der Handbetrieb.

Wir wünschen, die Zahl der Beamtinnen und die Anzahl der Verbindungsapparate zu berechnen. Dazu müssen bekannt sein:

a) Die Belastung der Einrichtungen mit Verkehr,
b) die Leistung der Beamtinnen,
c) die Leistung der Apparate,
d) die gewünschte Betriebsgüte.

Der Verkehr ist von der Art seiner Aufarbeitung unabhängig. Allerdings fällt auf, daß bei Umschaltungen von Hand- auf Wählerbetrieb die Gesprächszahl meistens zunimmt, weil bei Wählerbetrieb die Herstellung und Trennung der Verbindungen wesentlich schneller vor sich gehen.

Von den einzelnen Verkehrsgrößen bedarf nur die Belegungszeit t einer besonderen Betrachtung. Im allgemeinen kann man rechnen, daß die mittlere Belegungszeit t für Handbetrieb 0,5 Minuten länger ist als für Wählerbetrieb, weil namentlich bei A-B-Verkehr das Trennen der Verbindungen langsam vor sich geht. Eine handbediente Verbindung von einer Nebenstelle über Nebenstellenschrank, A-Amt, B-Amt, Nebenstellenschrank, zu einer Nebenstelle erfordert für die Herstellung und Trennung bis zu 2,5 mal soviel Zeit als das Gespräch selbst.

Die Leistung der Beamtinnen. Johannsen (Kopenhagen) gab als erster die Belastbarkeit der Beamtinnen mit Arbeit an, und zwar kann nach ihm eine Beamtin mit $a = 0,5$ belastet werden, d. h. eine Beamtin kann in 1 Stunde 1800 Sekunden lang körperlich beschäftigt werden.

Was gehört zu diesen Arbeiten? Manche sagen, jede körperliche Tätigkeit, einschließlich des Sprechens mit dem Teilnehmer, andere verlegen das Trennen in die Ruhepause $1 - a$ oder rechnen es nicht ein, weil die Beamtin sehr oft die Schnüre herauszieht, während sie

4*

einen Teilnehmer abfragt. Wieder andere (England) machen einen Zuschlag für „Überwachung", rechnen also die Aufmerksamkeit auf die Signale in die Arbeitszeit hinein. Allerdings wird dann a etwas größer als 0,5 angenommen.

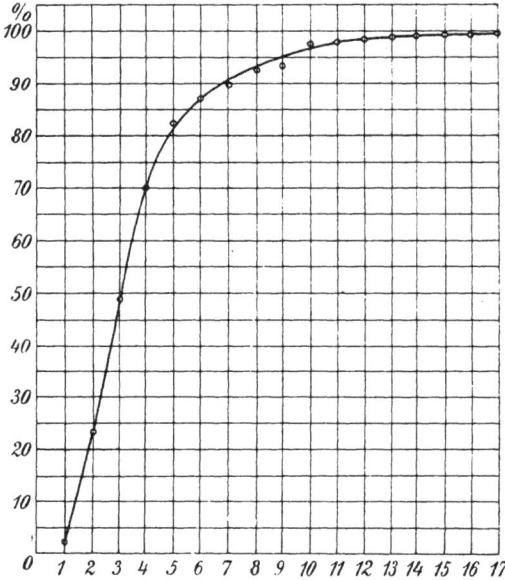

Abb. 17. Wartezeit auf Abfertigung.

Zunächst überrascht die niedere Zahl $a = 0,5$. Man erklärte dies zunächst damit, daß bei höherer Belastung die Beamtinnen zu schnell ermüden und gegen das Ende der Dienststunden zu viele Fehler machten. Dieser Grund trifft zum Teil zu, sehr viel wichtiger ist jedoch die Wartezeit auf die Abfertigung. Wenn während der Beschäftigung einer Beamtin mit einer Verbindung noch weitere Anrufe eintreffen, so müssen diese auf die Abfertigung warten. Wenn diese Wartezeit „lang" wird, so klagen die Teilnehmer über schlechten Dienst. Die Wartezeit ist deshalb genau untersucht worden. Die Abb. 17 stellt eine Aufnahme (aus Stichproben mit Stoppuhr) für halbautomatischen Dienst dar und bedeutet folgendes: Bei 50% aller Anrufe hat sich das Amt in höchstens 3 Sekunden, bei 70% in höchstens 4 Sekunden, bei 95% in höchstens 9 Sekunden gemeldet. Man kann aus dieser Linie die mittlere Wartezeit auf Abfertigung berechnen:

0 bis 10%	im Mittel	1,2	Sekunden	Wartezeit	zusammen	12	Sekunden
10 „ 20%	,,	,,	1,5	,,	,:	,,	15	,,
20 „ 30%	,,	,,	2	,,	,,	,,	20	,,
30 „ 40%	,,	,,	2,5	,,	,,	,,	25	,,
40 „ 50%	,,	,,	2,8	,,	,,	,,	28	,,
50 „ 60%	,,	,,	3,2	,,	,,	,,	32	,,
60 „ 70%	,,	,,	3,8	,,	,,	,,	38	,,
70 „ 80%	,,	,,	4,4	,,	,,	,,	44	,,
80 „ 90%	,,	,,	5,5	,,	,,	,,	55	,,
90 „ 95%	,,	,,	8	,,	,,	,,	40	,,
95 „ 100%	,,	,,	13	,,	,,	,,	65	,,

374 Sekunden

Also mittlere Wartezeit auf Abfertigung ist in diesem Falle 3,74''.

Eine in Verträge einzusetzende Vorschrift für die verlangte Betriebsgüte gibt selten die mittlere Wartezeit an, sondern meist wird vorgeschrieben: 50% aller Anrufe sollen in höchstens n Sekunden, 95% in m Sekunden beantwortet sein, also im vorliegenden Falle 50% innerhalb 3 Sekunden, 95% innerhalb 9 Sekunden.

Diese Wartezeiten in halbselbsttätigen Anlagen werden in Handämtern nicht erreicht. In England verlangt man, daß das Amt sich meldet für

> 5% der Anrufe innerhalb 2 Sekunden.
> 20% ,, ,, ,, 3 ,,
> 50% ,, ,, ,, 4 ,,
> 75% ,, ,, ,, 5 ,,
> 95% ,, ,, ,, 10 ,,

In den Vereinigten Staaten schreibt die Interstate Commerce Commission vor:

> 50% der Anrufe innerhalb 4 Sekunden.
> 95% ,, ,, ,, 10 ,,

Diese Werte gelten für guten Betrieb. Ein mäßiges Übersteigen dieser Zahlen wird von den Teilnehmern noch nicht beklagt.

Theorie der mittleren Wartezeit. M. Mathias (Elektrische Nachrichtentechnik 1925, Heft 1) gibt folgende Gleichung an:

a = Arbeitszeit einer Beamtin,

τ = Arbeitszeit je Verbindung,

γ = mittlere Wartezeit,

$$\frac{\gamma}{\tau} = \frac{a}{2} + \frac{a^2}{3} + \frac{a^3}{4} + \frac{a^4}{5} + \cdots$$

Für $\tau = 8''$ erhält man:

a	γ
0,5	3''
0,6	4,1''
0,7	5,6''

Die Gleichung nimmt keine Rücksicht auf die Nachbarhilfe. Bei hohem a mildert die Nachbarhilfe die Wartezeiten.

Nachbarhilfe. In allen Handbetrieben werden die Beamtinnen angewiesen, in Zeiten ohne Anrufe am eigenen Platze dem Nachbarplatz auszuhelfen, wenn dort Anrufe warten. Diese Nachbarhilfe schneidet die Spitzen der Wartezeiten ab. In Kopenhagen hat jeder Platz einige Stöpsel, die zu Wählern führen. Wenn eine Beamtin mehrere Anrufe warten sieht, so steckt sie die Hilfsstöpsel in die Abfrageklinken und der Wähler „wirft" die Anrufe auf zur Zeit freie Beamtinnen ab. Oft-

mals findet man auch, daß die Leitungen von Vielsprechern an drei Anrufzeichen (weiß, rot, grün) auf verschiedenen Plätzen gelegt sind,
Mehrfachabfrageklinken. Die Beamtinnen sollen zuerst die weißen,
dann die roten, dann die grünen Anrufzeichen beantworten. Man hat
sogar die grünen Zeichen auf besondere Spitzenplätze gelegt, die nur
in der HVSt bedient werden.

Im allgemeinen beziehen sich die Zahlen nur auf die Nachbarhilfe
ohne besondere technische Einrichtungen. Der Erfolg der Abwerf-
wähler und mehrfachen Abfrageklinken scheint nicht überall den Er-
wartungen entsprochen zu haben, denn sie sind von manchen Verwaltungen wieder entfernt worden.

Die Werte für a. Für A-Schränke mit Nachbarhilfe kann man
$a = 0,5$ annehmen, in der HVSt kann man erwarten, daß die Beamtinnen bis $a = 0,6$ Stunden leisten. Man lasse sich nicht täuschen. Bei
Beobachtungen über nur 10 Minuten findet man oft 7,5 Minuten Arbeitszeit, die man aber nicht auf die ganze Stunde ausdehnen darf.
Wenn das unregelmäßige Eintreffen der Anrufe durch eine dem A-
Schrank vorgeschaltete Verteilung (mit Handbetrieb oder noch wirk-
samer mit doppelter Vorwahl) ausgeglichen ist, so kann man $a = 0,7$
annehmen. In Anlagen mit vorzüglichen Räumen ohne Lärm kann an
B-Plätzen, denen die Anrufe über gut eingearbeitete Dienstleitungen
der Reihe nach zufließen, a bis zu 0,75 steigen. Diese hohe Zahl kann
aber nicht als Norm angesehen werden.

Die Werte der Verbindungen. Die von einer Beamtin für eine Verbindung aufzuwendende Arbeitszeit hängt von der Art der Verbindung
ab. Die einfachste Verbindung ist eine glatte Verbindung von Teilnehmer zu Teilnehmer an einem Schrank mit einem Vielfachfeld bis
ungefähr 5000 Klinken. Man hat die Einzelzeiten gemessen:

	I	II
Einstecken des Abfragestöpsels und Antwort „hier Amt"	1,3″	1 ″
Abfragen und Wiederholen der Nummer	3 ″	2,2″
Prüfen, Stecken des Verbindungsstöpsels, Handwecken	2,1″	3,5″
Trennen	1,3″	1,8″
Überwachen	—	1,5″
	7,7″	10,0″

I Grabe, ETZ. 1913, Heft 13.
II England.

Allgemein kann man für neue Ämter mit guten Räumen und guter
Diensteinteilung die Arbeitszeit für diese „Einheitsverbindung" zu 8″ annehmen und über 9″ in der HVSt (bei $a = 0,6$) kann man noch nicht
klagen. Einer solchen Verbindung, die 8″ (oder 9″) verlangt, legt man
den „Wert 1" bei. Andere Verbindungen haben dann folgende „Werte":

Einheit 1
Zähltaste drücken 0,05
Öffentlicher Münzapparat . . . . 2,5 bis 5
Von A-Schrank zu B-Schrank gehende Verbindung
    mit Knackprüfung 2
    mit Dienstleitung . . . . 1,5 „ 1,7
Am B-Schrank:
    mit Abfragen 1
    mit Dienstleitung . . . . 0,6 „ 0,65
Zählzettel ausschreiben 0,35
Stumme Verteilerbeamtin 0,55
A-Verbindung hinter Verteileramt (ohne Abfragestöpsel) 0,85
A-Verbindung am Klappenschrank 1,15
Von A-Schrank zu B-Schrank über Sammeldienstleitung 1,95
Am B-Schrank mit Sammeldienstleitung 0,7
Abfragen und 4 Tasten einer halbautomatischen Tastatur
    drücken . . . . 0,5 „ 0,6

Für Frankreich (s. Revue des Tél. Tél. et Ts. für Oktober 1925)
sind folgende Werte angegeben: Einheit 10″.

       Einheit, Wert . . . . 1 Z.B.
       O.B. Klappenschrank 1,6
       Von A nach B Amt D.L. 1,5
       „ A „ B Knacken 2
    B-Verbindung bei D.L. 0,58
       Zählzettel ausschreiben 0,4
       Münzautomat (Kiosk) . . . . . . 2,5 Z.B.
         „   „ . . . . . . 3,2 O.B.
    Für selbsttätiges Wecken ziehe ab
       von den obigen Werten 0,1

Für Nebenstellenschränke sind die reinen Arbeitszeiten:
    Nebenstelle zum Amt (Teilnehmer sagt „Bitte
       Amt") . . . . 3″
    Amt zur Nebenstelle . . . . 11,2″
Bestellte Ortsverbindung:
    a) Auftrag annehmen . . . . 8,2″
    b) Gewünschten heranholen und zum Besteller zu-
       rückverbinden . . . . 76,8″ 85″
Fernverbindung von Nebenstelle abgehend:
    a) Annahme des Auftrages . . . . 42″
    b) Anmeldung beim Fernamt . . . . 81″
    c) Herstellen der Verbindung zur Nebenstelle und
       Mithören, bis gesprochen wird . . . . . . 65″ 188″

Zähler ablesen: Eine Beamtin diktiert einer schreibenden Beamtin die Zählerstände. Bei $a = 0,9$ werden gebraucht für 10 000 Zähler: 1667 Min. Arbeit + 167 Min. Pausen = 1834'. Da eine Beamtin 450' im Tage leistet, sind für die Zählerablesung 4 Beamtinnentage nötig (Wittiber, Verkehrs- und Betriebswissenschaften in Post u. Tel., Februar 1926).

In Paris lesen 2 Beamten 400 Zähler in 1 Stunde ab.

Dommerque (Telephone Engineer Juni 1925) gibt folgende Werte aus der amerikanischen Praxis an:

	t	Wert
Z.B.-Hauptstelle zu Hauptstelle	10''	1
Klappenschrank	16''	1,6
A-Verbindung mit DL zu B-Schrank	15''	1,5
A-Verbindung mit Knackprüfung	20''	2
Zähltaste drücken	0,5''	0,05
Auf Zählzettel aufschreiben	4''	0,4
Münzautomat mit vorbereitend eingeworfener Münze	13''	1,3
Z.B.-Münzautomat mit Aufforderung zur Zahlung .	25''	2,5
O.B.-Münzautomat mit Aufforderung zur Zahlung .	32''	3,2
Abzug für selbsttätiges Wecken	1''	0,1
Mehrfach-Abfrageklinken vermindern die Zeiten um	6%	—
a in der HVSt	0,65	

Wartezeit auf Trennung nach dem Aufhängen des Hörers 3,5'' (gut), 4'' (mäßig).

Arbeitszeiten am B-Platz mit Dienstleitungsbetrieb: M ist die Anzahl der auf einen B-Platz arbeitenden A-Ämter:

M	Handwecken	selbst. Wecken
⅓ und weniger	6,15''	5,15''
½	6,30''	5,30''
1	6,75''	5,75''
2	7,75''	6,80''
3	8,75''	7,90''
4 und mehr	9,2''	8,4''
Mit Abfragen	10''	9''

Für Gesellschaftsanschlüsse erhöhe die Werte um 10%.

Ferner gibt Dommerque an: Irrtümer der Beamtinnen sollen 18% der Verbindungen nicht übersteigen. Für guten Dienst kann man 12% Irrtümer zulassen.

Zum Vergleich dieser Zahlen mit den oben angegebenen beachte man, daß Dommerque $a = 0,65$ in der HVSt annimmt. Also Leistung der Beamtin: $\dfrac{0,65 \cdot 3600}{10''} = 235$, wie früher angegeben.

Einfluß des Verbindungsverkehrs auf die Leistung der A-Beamtin.
Die Leistung der A-Beamtin soll bei n% abgehenden Verbindungen mit
Dienstleitungsverkehr berechnet werden. Eine nicht weiterzugebende
Verbindung hat den Wert $1_t = 8''$, eine weiterzugebende Leitung hat
den Wert $1,5 = 12''$. Die Beamtin soll a Bruchteile einer Stunde Arbeit
leisten $= 3600 \times a$ Sekunden. Die Beamtin kann x Verbindungen
leisten:

$$3600\,a = x\,\frac{100-n}{100}\,8'' + x\,\frac{n}{100}\,12''$$

z. B. $a = 0,5$; $n = 50\%$; $x = 180$.
$a = 0,5$; $n = 100\%$; $x = 150$.
Dies ist der Fall für A-Schränke ohne Teilnehmervielfachfeld.

Man findet verschiedene Kurven für den Einfluß des Verbindungsverkehrs, z. B. in Hersen & Hartz (Lit. 6). Diese Linie beginnt für n
$= 0\%$ mit 242 Verbindungen und endet bei n $= 100\%$ mit 170 Verbindungen. Andere Linien beginnen für n $= 0\%$ bei 240 Verbindungen
und enden bei 160 Verbindungen für n $= 100\%$. Mit den Annahmen
$a = 0,5$; Einheit $8''$; Wert der A-B-Verbindung $= 1,5 = 12''$; n $= \%$
abgehender Verbindungen erhält man folgende Verbindungszahlen als
Leistung der A-Beamtin:

n	x	n	x	
0%	230	60%	173	x = Verbindungen am
10%	214	70%	167	A-Schrank bei Dienstlei-
20%	204	80%	161	tungen und $n\%$ abgehen-
30%	195	90%	155	dem Verkehr bei $a = 0,5$
40%	188	100%	150	und Einheit $= 8''$.
50%	180			

Diese Werte sind etwas niedriger als manchmal angegeben wird.
Wenn man sie der Rechnung zugrunde legt, geht man sicher.

Für den A-B-Verkehr mit Knackprüfung berechnet man: $a = 0,5$;
Einheit $= 1 = 8''$; Wert einer abgehenden Verbindung $= 2 = 16''$.

n	x	n	x	
0%	230	60%	141	x = Verbindungen am
10%	204	70%	132	A-Schrank bei Knackprü-
20%	188	80%	125	fung $n\%$ abgehendem Ver-
30%	173	90%	118	kehr und $a = 0,5$ und
40%	161	100%	112	Einheit $= 8''$.
50%	150			

Um die Leistung in der HVSt zu bekommen, für die man $a = 0,6$
setzen kann, erhöhe man die Verbindungszahl um $\dfrac{0,6}{0,5} = 1,2$.

Einfluß der Sammeldienstleitungen auf die Leistungen der B-Beamtin. Wenn ein B-Platz mehrere A-Ämter bei Dienstleitungsbetrieb bedienen muß, so sind am B-Platz ebensoviele Gruppen von ankommenden Schnüren. Die A-Beamtin muß das anrufende Amt und die gewünschte Nummer ansagen, die B-Beamtin antwortet: „von ‚Nord' 4717 auf (Verbindungsleitung Nr.) 23". Sie muß ferner aus den von Nord ankommenden Leitungen eine freie aussuchen. Diese Mehrarbeit vermindert die B-Leistung.

Andererseits wird die B-Leistung vergrößert, wenn der Zufluß aus einer Richtung sehr regelmäßig ist. Das ist der Fall, wenn ein großes A-Amt mehrere Dienstleitungen zu einem B-Amt hat, so daß z. B. 4 B-Schränke für den ankommenden Verkehr von einem A-Amte vorgesehen sind. Hersen & Hartz (Lit. 6) geben dafür die Linie Abb. 18 an. Die Abszisse $\frac{1}{4}$ bedeutet 4 Dienstleitungen zu 4 B-Plätzen, an denen je nur die

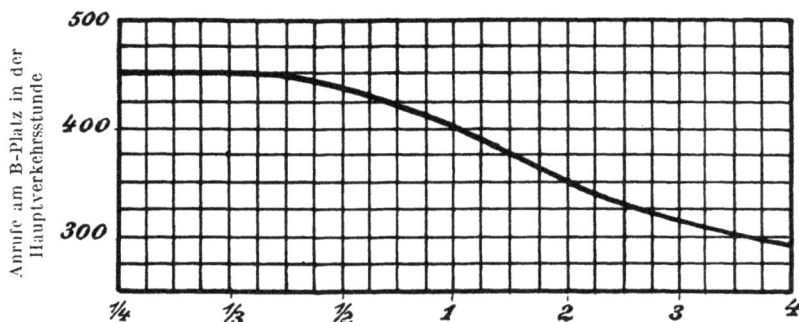

Abb. 18. Anzahl der Ämter in einer Dienstleitung.

eine Richtung ankommt, $\frac{1}{3}$ ebenso 3 B-Plätze. Die Abszisse 3 bedeutet, daß 3 A-Ämter eine „Sammeldienstleitung" zu einem B-Platz benutzen. Die Regelleistung (Abszisse 1) von 400 B-Verbindungen geht also bei weit verzweigten Sammel-D.L. bis auf 300 Verbindungen herunter.

Einfluß der Bedienung mehrerer Plätze. Bei schwachem Verkehr soll eine Beamtin mehrere Plätze bedienen. Solange durch einen Platzumschalter die Abfrageeinrichtungen zweier Plätze zusammengeschaltet werden, ist die Abnahme der Leistung nicht bedeutend. Wenn aber die Beamtin den Platz wechseln muß („Wanderbedienung"), so fällt die Leistung nach der Abb. 19, darin bedeuten die Abszissen die von einer A-Beamtin zu bedienenden Plätze, die Ordinate die A-Leistung in Prozent der Regelleistung. Die Leistung bei der Bedienung einer ganzen Schrankreihe fällt also bis auf $0{,}18 \times 230 = 41$ Verbindungen in 1 Stunde.

Die Abnahme der Leistung ist so groß, daß z. B. in Fernämtern einzelne Schränke als „Sammelschränke" (Konzentrationsschränke) ausgebildet werden, auf die bei schwachem Verkehr alle Fernleitungen umgeschaltet werden.

Unbekannte Werte von Verbindungen. Die Zahl verschiedenartiger Verbindungen ist so groß, und neue Vorschläge sind so zahlreich, daß keine Wertliste alle Arten angibt. Man muß die Werte alsdann berechnen.

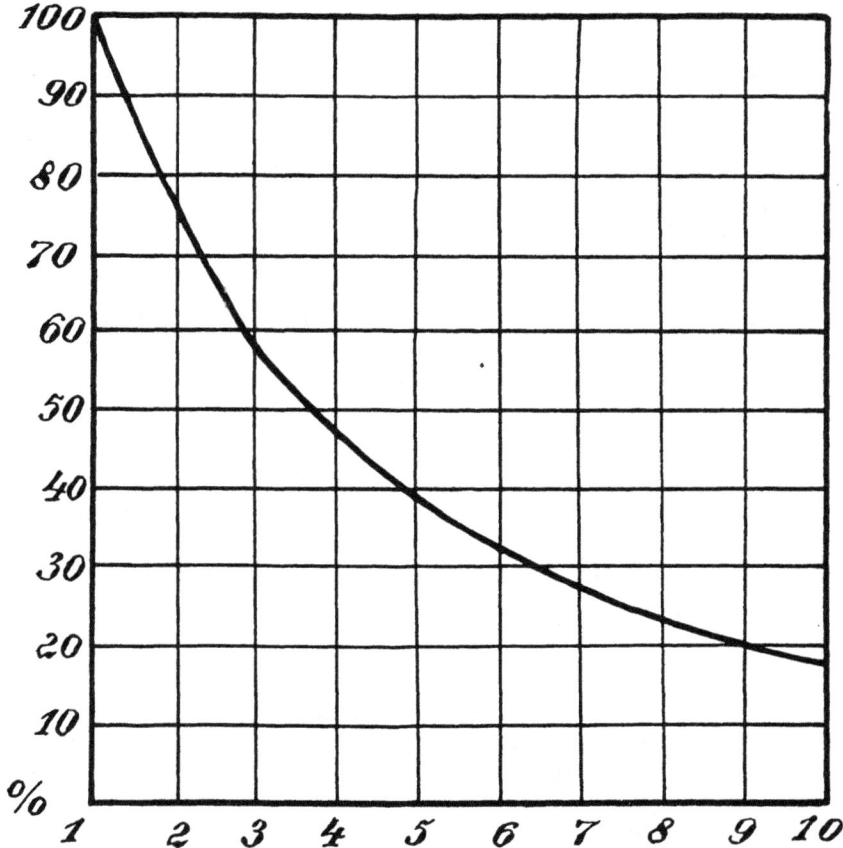

Abb. 19. Bedienung mehrerer Plätze.

Beispiel: In den Vereinigten Staaten werden Hochleistungs-schränke (superservice board) gebaut (s. Mc. Meen and Miller „Telephony" Verlag American Technical Society Chicago 1923). Die Schränke haben Schnurpaare ohne Umschalter, 12 Relais je Schnurpaar, selbsttätiges Anschalten der Abfragegarnitur, selbsttätiges Wecken, selbsttätiges Prüfen und Besetztzeichen, sofortige Trennung in der Schnur (ohne Stöpselziehen) beim Aufhängen der Hörer, selbsttätiges Flackern bei Hörerwippen, mehrere Abfrageklinken für Starksprecher. Die amerikanische Literatur gibt Leistungen bis zu 500 Verbindungen an. Bei $a = 0,5$ würden nur $1800 : 500 = 3,6''$ Arbeitszeit auf eine Verbindung entfallen. Das ist unmöglich; die Nachrechnung ergibt:

Erhöhung der mittleren Leistung wegen der mehrfachen Abfrageklinken (hoch geschätzt) auf $a = 0,6$ statt $a = 0,5$.

Wegfall des Abfrageschalters $0,3''$.

Wegfall des Prüfens und Weckens $1''$,

Also Einheit $= 8'' - 1,3'' = 6,7''$.

Leistung $\dfrac{2160}{6,7} = 325$ Verbindungen.

Zahl der Beamtinnen. Die bisherigen Unterlagen ergaben die Platzzahl. Zu den diensttuenden Beamtinnen kommen noch: Schülerinnen, Aufsicht, Kranke, Urlaub, Hilfsdienst wie Küche, Erholungsraum, Krankenzimmer. Als Zahl der Beamtinnen für Schrankdienst rechnet man: Platzzahl mal 2 bis 2,2. Für Beamtinnen an Meldetischen ist diese Zahl kleiner. Die so errechnete Zahl von Beamtinnen umfaßt, wie gesagt, die Schülerinnen, Aufsicht, Kranken usw. jedoch nicht die pensionierten Beamtinnen. Um den Einfluß der Pensionen zu erfassen, pflegt man die Gehälter um 10% zu erhöhen. Personalversicherungen sind aber besonders zu berechnen.

Belegung der Plätze mit Anrufzeichen. Das Ziel soll sein, jedem Platz soviel Verbindungen zuzuweisen, daß das $a = 0,5$ erreicht wird. Jedoch darf man den Zusammenhang von a und den Wartezeiten nicht übersehen. Wenn man einen Platz nur mit Münzautomaten (Wert z. B. $= 3$) belegt, so wird bei $a = 0,5$ die mittlere Wartezeit $= \dfrac{\gamma}{t} = \dfrac{a}{2} + \dfrac{a^2}{3} + \ldots \gamma = 9''$. Das ist zu lang, weil einige Anrufe bis zu 1 Minute warten müßten. Also verteilt man die Münzautomaten über alle Plätze, falls die Bedienung mit den gewöhnlichen Schnüren möglich ist. Wenn zum Einkassieren der Münzen der Strom umgekehrt oder verstärkt werden muß, so wird man naturgemäß nicht alle Schnüre des Amtes dafür einrichten.

Die Anrufzeichen vielsprechender Anschlüsse werden meistens mit solchen wenigsprechender Anschlüsse gemischt. Die Verteilung der Belegung der Plätze mit Anrufzeichen muß von Zeit zu Zeit geändert werden, weil sonst einzelne Plätze überlastet würden. Dazu baut man die Zwischenverteiler ein.

Die vielen hier mitgeteilten Betriebszahlen können zu sehr verschiedenen Zwecken gebraucht werden. Allerdings sei ausdrücklich betont, daß alle Leistungszahlen einen psychologischen Einschlag enthalten, der von Land zu Land verschieden sein kann. Auch das Klima und an-

genehme oder unangenehme Arbeitsbedingungen verändern die Leistungszahlen.

Die Zahlen dienen zunächst zur Nachprüfung der Leistungen. Findet
man starke Abweichungen von den genannten Mittelwerten, so soll man
den Grund suchen. Die Ursachen können in der Technik, Organisation
oder in ungenügender Schulung des Personals liegen.

Die Zahlen dienen ferner zur Aufstellung von Plänen für Erweiterungen, um möglichst genaue Entwürfe zu schaffen.

Ferner geben starke Abweichungen der Zahlen einen Hinweis, wo
man eingreifen muß, wenn in einer Anlage scheinbare Überlastungen des
Personals auftreten.

Sie dienen also sowohl zur Kritik der bestehenden Verkehrsabwicklung
als zur Planung.

V. Die Posten der Sollseite (Aktiva).

Das Vermögen umfaßt sachliche und nichtsachliche Werte und
Forderungen. Am genauesten ist die Kontenaufstellung der „Interstate
Commerce Commission" in den Vereinigten Staaten. Diese Staats-
behörde erhält von allen Fernsprechgesellschaften jährliche Berichte.
Um Vergleiche aufstellen zu können, hat die „Commission" eine Vor-
schrift über einheitliche Buchführung für die größeren Gesellschaften
herausgegeben (Lit. 7). Die Vorschrift bestimmt Nummern für die
Konten. Für die Aktiven sind das die folgenden:

Konto 100 ⎱ Feste Anlagewerte für die Bilanz als Saldo des
  101 ⎰   Hauptbuches.

Im einzelnen gehören dazu:

  104 Anlagen im Bau,
  105 Wertpapiere anderer Unternehmungen,
  110 Vorschüsse (Forderungen) an angegliederte Unter-
     nehmungen,
  111 andere Kapitalanlagen.

Ferner Betriebskapital:

  112 Kassa und Einlagen,
  115 Pensionsfond,
 117—121 noch nicht fällige Forderungen,
  122 Material und Lagerbestände,
  123 andere Betriebsmittel.

Noch nicht fällige Außenstände:

  124 Dividenden, Zinsen, Mieten von fremden Unter-
     nehmungen.

Rücklagen: 125 Echter Erneuerungsfond,
126 Rücklagen für Versicherungen,
127 Hilfsfonds,
128 Vorauszahlungen,
134—136 andere Rücklagen.

Ferner andere reine Finanzaktiven.

Konto 200 Nichtsachliche Werte,

201 Organisationskosten: Alle Gebühren an staatliche Stellen für die Gesellschaftsgründung, alle eigenen Kosten für die Errichtung der Gesellschaft, wie Werbekosten, Provisionen für Agenten, Marktwert von Abfindungen in Aktien für Agenten, Druckkosten für die Papiere usw.,

202 Gerechtsame: Alle Gebühren für den Erwerb der Konzession, vorausgesetzt, daß diese länger als ein Jahr gilt,

203 Patente,

204 alle anderen nichtsachlichen Werte.

Es sei bemerkt, daß z. B. in Deutschland das Handelsgesetzbuch die Buchung der Organisationskosten als Aktivum verbietet.

207 Wegerechte,

210 Land und Gebäude,

220 Amtseinrichtungen, einschließlich Baukosten,

230 Einrichtungen beim Teilnehmer,

dazu gehören: 231 Sprechstellen,

232 Sprechstellenverdrahtung,

233 Hausverdrahtung (die Kabel von der Einführung ins Haus zu den Verteilern in jedem Stockwerk),

234 Nebenstellenanlagen,

235 Sprechzellen,

241 Stangen für Ortsleitungen,

242 Ortsluftkabel,

243 oberirdische Ortsleitungen,

244 Kabelkanäle,

245 Straßenkabel,

246 Unterwasserkabel,

251 Stangen für Ferndienst,

252 Fernluftkabel,

253 oberirdische Fernleitungen,

254 Fernkabelkanäle,

255 Fernkabel,

256 Fernunterwasserkabel,

260 allgemeine Einrichtungen,

dazu gehören: 261 Bureaueinrichtungen,
262 Werkstätten,
263 Lager,
264 Ställe und Autoschuppen,
265 Werkzeuge und Baumaterial,
268 Zinsen während der Bauzeit,
270 nichtverteilte Bauausgaben,

dazu gehören: 271 Planung und Bauüberwachung,
272 juristische Kosten während der Bauzeit,
273 Steuern während der Bauzeit,
274 allgemeine Baukosten.

Trotzdem somit eine große Zahl einzelner Konten aufgestellt ist, kann man noch weitere Konten für wünschenswert halten, z. B. ein besonderes Konto für Ortsamt und Fernamt; ferner dürften Verstärkeranlagen wohl besonders gebucht werden.

Besonders zu beachten ist das öftere Auftreten nichtsachlicher Werte (Konten 201, 202, 203, 204, 272, 273). In den Vereinigten Staaten können nichtsachliche Werte sichtbar in die Bilanzen eingestellt werden, und die Summe von sachlichen und nichtsachlichen Sollposten gilt als Tarifgrundlage, auf welche ein „angemessener Gewinn" erzielt werden kann. Da nun in anderen Ländern einzelne nichtsachlichen Werte gesetzmäßig nicht in die Bilanzen hinein sollen, diese aber doch recht beträchtliche Höhe annehmen, rechnet man gewisse der nichtsachlichen Werte zu den zugehörigen Sachwerten, andere nichtsachliche Werte fallen allerdings aus. In den Vereinigten Staaten gestatten die Public Utility Commissions 5% bis 7½% der sachlichen Werte als angemessenen Wert der nichtsachlichen Posten, und in dieser Größenordnung erscheinen sie auch in den Prozeßberichten. Diese Größen sind sehr beachtlich.

Die Größenordnung der wichtigsten Posten.

Für überschlägige wirtschaftliche Rechnungen, Vergleiche und Nachprüfungen ist es angenehm, die Größenordnung der vorkommenden einflußreichen Posten zu kennen. Man kann sie aus den Jahresberichten und Bilanzen der Betriebsgesellschaften nehmen. Jedoch ist es sehr schwierig, wirklich vergleichbare Werte zu erhalten. Denn die Berichte sind nicht nach einheitlichen Grundsätzen aufgestellt. So findet man sehr oft Telegraphie und Fernsprechwesen zusammen angegeben. Fast immer ist Fern- und Ortsverkehr beisammen. Oft findet man nur die Buchwerte, nicht die Anschaffungskosten. Daher zeigen alle nachstehend angegebenen Zahlen nur die Größenordnung.

Wir nehmen als „Bezugseinheit" eine Sprechstelle, nicht einen Anschluß im Amte.

Die Beschaffungskosten.

Vereinigte Staaten: Die nachstehenden Zahlen aus den Jahren 1924 und 1925 betreffen unabhängige Gesellschaften, die nur wenig Fernverkehr pflegen, da ja das amerikanische Fernnetz einer besonderen Gesellschaft gehört:

Zahl der Sprechstellen	Bilanzwert Doll.	je Sprechstelle Doll.	M.
69 726	9 605 672	138	580
43 553	4 844 687	112	470
106 414	16 316 362	153	640
103 412	10 406 000	100	420
1 246 000	165 000 000	132	550
937	93 500	100	420

American Telephone & Telegraph Co. 1923 und Bell-Gesellschaften (Telephony 8. III. 1924):

10 400 000 Sprechstellen.

	Mill. Doll.	%
Land und Gebäude	190	9,5
Ämter	350	17,5
Netze	1004	50
Teilnehmereinrichtungen . .	270	13,5
Werkzeuge	80	4
Kassa	110	5,5
	2004	

je Sprechstelle also Doll. 200 = M. 840. In diesem Betrage ist das große Fernnetz der A.T.T. Co. enthalten.

Michigan Bell Co. 1926 (Telephony 16. I. 1926):
440 000 Sprechstellen, ohne Fernnetz.
Buchwert nach Schätzung der Public Utility Commission
Doll. 157 = M. 496 je Sprechstelle.
Die Gesellschaft behauptet, heute (1926) koste eine Sprechstelle
Doll. 245 = M. 1050.

Kopenhagen, Jahresbericht 1921:
Anschlüsse 114 621. — Sprechstellen 138 950.

	Mill. Kr.	%
Fernsprechanlage	54 295	77,9
Gebäude	6590	9,5
Material	4600	6,6
Kassa	4178	6
	69 663	

also je Sprechstelle Kr. 502 = M. 554.
Diese Zahl schließt Vorortverkehr ein.

Haag Gemeente Telephon. Jahresbericht für 1922:
16 200 Anschlüsse. — 24 300 Sprechstellen.

	Mill. Guld.	%
Grundstücke	0,3	5
Gebäude	1,27	21,3
Kabel	1,5	25,0
Teilnehmer	0,57	9,5
Ämter	2,3	38,4
Werkzeuge	0,05	0,8
	5,99	

also je Sprechstelle 246 Gulden = M. 418.

New York Telephone Co. (Telephony 3. Juli 1926). In New York und Umgebung sind 2 500 000 Sprechstellen in Betrieb.
Die Anlagewerte der technischen Anlagen:

	Mill. Doll.
Land und Gebäude	66,9
Fernsprechanlage	472,6
Fernsprechanlage im Bau	21,7
Bureaueinrichtungen, Werkzeuge, Material	13,7
Kasse	6,4
	581,3

Die Anlagen sollen „stark" unterbewertet sein.
Je Sprechstelle Doll. 232.

Schweden. Jahresbericht 1922:
314 080 Anschlüsse. — 379 825 Sprechstellen.
Bilanzwert der Ortsanlagen 157 287 Mill. Kr.
also je Sprechstelle 415 Kr. = M. 450.

Deutschland. Im Jahresbericht der Deutschen Reichspost 1925 sind die Post-, Telegraphie- und Fernsprechanlagen miteinander aufgeführt, so daß man daraus das Fernsprechwesen nicht herausschälen kann. Jedoch enthält die Unterlage für den Tarif 1921 (Archiv für Post und Telegraphie Nov. 1921) folgende Fernsprechwerte für den 31. III. 1919:

	Mill. GM.	%
Grundstücke	19 140	2,04
Gebäude	55 600	5,84
Netz	697 200	73,22
Ortsämter	140 000	14,70
Teilnehmer	40	4,2
	952	

Anschlüsse 700 000. — Sprechstellen 1 800 000.
also je Sprechstelle M. 530 mit Fernverkehr.

Schweiz. Geschäftsbericht 1924, ohne Fernnetz:

	Mill. frcs.	%
Gebäude und Grundstücke .	8,7	3,4
Ortsnetze	163,0	62,0
Teilnehmer	34,9	13,5
Ämter	34,8	13,5
Werkzeuge	1,8	0,7
Material	17,5	6,8
Kassa	0,25	0,1
	259,0	

Sprechstellen 189 429,
also je Sprechstelle fr. 1410 = M. 1130.

Diese hohe Zahl M. 1130 als Landesdurchschnitt erklärt sich daraus, daß der Nahfernverkehr in der Schweiz ungewöhnlich hoch ist. In manchen Städten überschreitet der Zonenverkehr den Ortsverkehr, so daß also ein sehr ausgedehntes Zonennetz in der obigen Zahl enthalten ist.

England (1925, s. Post Office Journal 18, S. 291). Buchwert der Anlagen Pfd. Sterl. 55 082 752 für 1 104 582 Sprechstellen, also rund M. 1000 je Sprechstelle, einschl. Fernverkehr.

Amsterdam, 31. XII. 1918:

	Mill. Guld.	%
Netz und Einrichtungen .	9,576	81,2
Gebäude	1,510	13,4
Material	0,327	2,8
Girokonto	0,315	2,6
	11,728	

Anschlüsse 18 800,
also je Anschluß fl. 630 = M. 1030.

Um zu irgendeiner Größenordnung zu kommen, muß man beachten, daß in allen den obigen Zahlen sehr viele Vorkriegswerte enthalten sind. Der Schweizer Geschäftsbericht 1924 gibt folgende Zahlen (mit Fernnetz):

Jahr	Anlagewert je Sprechstelle Franken
1916	950
1918	960
1920	1320
1922	1600
1924	1640

also eine Steigerung um 55%. Im Falle der Michigan Bell Tel. Co. war der die alten Preise umfassende Mittelwert Doll. 157, der jetzige Anschaffungswert Doll. 245, also eine Steigerung von 56%.

Als niedrigsten älteren Wert fanden wir M. 420, also für 1926: 1,5 × 420 = M. 630; als höchste heutige Anschaffungswerte fanden wir (für Jahre 1924, 1925):

Michigan Bell . . . M. 1050 ohne Fernnetz,
Schweiz . . . . . . „ 1130 mit Vorortnetz.

Daß man im Gebrauche solcher Mittelwerte sehr vorsichtig sein muß, zeigt folgende Mitteilung (Telephony, 10. Juli 1926). Die Anlagekosten für eine Sprechstelle in Japan waren vor dem Erdbeben auf 500 Yen, nach dem Erdbeben auf 1500 Yen festgesetzt.

Man kann also sagen: Der Beschaffungswert für eine betriebsfertige Sprechstelle schwankt zwischen M. 630 und etwa M. 1100, berechnet aus Landesdurchschnitten. In einzelnen Orten kann er niedriger, in anderen (Großstädten) noch beträchtlich höher sein.

Das Verhältnis der Kosten der einzelnen Anlageteile ist wichtig, um abschätzen zu können, wieviel eine Preisänderung an einem Anlageteil auf die ganze Anlage zurückwirkt. Die nebenstehende Tafel zeigt, wie schwierig diese Zahlen aufzustellen sind, da jede Verwaltung sie anders gruppiert. Immerhin kann man die Größenordnung der einzelnen Anlageteile wenigstens annähernd angeben. Die Zahlen in der Tafel bedeuten Prozentsätze des Gesamtbeschaffungswertes der sachlichen Sollposten.

Unter „Teilnehmerstelle" ist auch die Verdrahtung von der Hauseinführung bis zur Sprechstelle verstanden.

	Schweiz	Fairmont	Black River	ATT Co.	Kopenhagen	Haag	Deutschland	Amsterdam	Mc Kay	Annahme
	1	2	3	4	5	6	7	8	9	
Wegerechte	—	—	1,0	—	—	—	—	—	0,8	1
Gebäude u. Grundstücke	3,4	12,0	1,2	9,5	9,5	26,3	7,88	13,4	11,6	8
Ortsnetz	62,0	37,9	68,0	50,0		25,0	73,22	60,0	51,0	50
Teilnehmerstellen	13,5	12,9	} 21,2	13,5	} 77,9	9,5	4,20	} 21,2	13,3	10
Handämter	13,5	27,9		17,5		38,4	14,70		11,8	20
Material	6,8	4,0	4,9	—	6,6	—	—	2,8	3,9	4
Werkzeuge	0,7	—	2,9	4,0	—	0,8	—	—	1,0	2
Sonstiges	—	2,8	—	—	—	—	—	—	3,8	2
Kassa	0,1	2,5	0,8	5,5	6,0	—	—	2,6	2,8	3
										100%

1. Schweiz, Jahresbericht 1924.
2. Fairmont, kleine Anlage mit 2000 Sprechstellen.
3. Black River, kleine Anlage mit 6000 Sprechstellen.
4. ATT Co. hat 11 000 000 Sprechstellen.
5. 6. 8. Jahresberichte.
7. Archiv für Post und Telegraphen. Nov. 1921.
9. Mc Kay (Lit. 11).

Für Anlagen mit Wählerbetrieb steigt der Anteil des Amtes auf 25 bis 30% der Gesamtanlage. Netz und Gebäude werden niedriger.

Für London (Lit. 3) wird angegeben: für Gebäude und Gelände eine Ersparnis von 13%, Gesamtanlage 23%, niedriger für Wählerbetrieb als für Handbetrieb.

VI. Die laufenden Kosten.

Die jährlich sich wiederholenden oder laufenden Kosten können in zwei Gruppen eingeteilt werden:

I. Die **Kapitalkosten**, d. h., die Ausgaben, die von den Anschaffungskosten abhängen.

II. Die **Betriebskosten**, d. h. die Kosten für die Herstellung der Verbindungen und die Instandhaltung.

Zunächst seien die Kosten tabellarisch aufgezählt, dann folge eine Statistik der Weltdurchschnitte. Daran schließen sich einzelne Untersuchungen. Es handelt sich darum, die Unterlagen für die Tarife zu finden, denn ein Tarif muß die Selbstkosten und einen Gewinn bringen.

I. Die Kapitalkosten.

1. **Zinsen** oder **Ertrag.** Schuldscheine haben fest angegebene Zinsen. Die Aufbringung des Baukapitals, ohne daß dafür Zinsen zu zahlen sind, ist bei Staatsverwaltungen früher möglich gewesen. Die deutsche Reichspost ist jetzt eine selbständige Betriebsgesellschaft und muß „kaufmännisch" verwaltet werden. Der erste kaufmännische Grundsatz, daß ein Unternehmen Ertrag bringen soll, darf nicht verletzt werden, schon aus dem Grunde, daß ein in den Voranschlag eingesetzter Ertrag eine Deckung für Fehlbeträge bedeutet. Das Gesetz zur Änderung des Reichspostfinanzgesetzes vom 15. Juli 1926 schreibt vor:

„Es ist eine Rücklage bis zur Höhe von 100000000 RM. aus einer jährlichen Rücklage von 0,8% der jährlichen Betriebseinnahmen, den Reinüberschüssen und eigenen Zinsen zu bilden. Nach Erreichung der 100000000 RM. fließen die Reinüberschüsse unverkürzt in die Reichskasse. Die Rücklage dient zur Deckung von Fehlbeträgen und ist in bar oder in Werten gesichert anzulegen."

Es soll hier nicht untersucht werden, ob diese Rücklage als „Ertrag" für die Gesellschaft zu rechnen ist. Das Gesetz spricht ja auch von weiteren Überschüssen, die an die Reichskasse abzuführen sind. Also „Erträge" sollen auch herausgewirtschaftet werden.

Wenn im folgenden von „Zinsen" gesprochen wird, so soll allgemein auch der „Ertrag" damit gemeint sein.

Am klarsten liegen die Verhältnisse in den Vereinigten Staaten. Das Eingreifen der Interstate Commerce Commission und die vielen großen Prozesse haben eine Zahl herausgearbeitet, die als „angemessener Gewinn" angesehen werden soll. Es sind 7 bis 8% des gewinnberechtigten Kapitals. Die Zinsen für Schuldverschreibungen sind hierin nicht einbegriffen.

2. **Abschreibungen** sind die buchmäßigen Deckungen für die Entwertung der Anlage. Diese Kosten sind so einschneidend, daß ihnen ein besonderer Abschnitt (VII) gewidmet wird. In diesem Abschnitt werden viele Einzelfragen und Abgrenzungen gegen ähnliche Posten behandelt.

3. **Tilgung.** Auch dieser Posten wird (S. 77 ff.) noch eingehend behandelt.

An dieser Stelle sei nur ganz kurz der Wesensunterschied zwischen Abschreibung und Tilgung gezeigt.

Die kaufmännische Buchführung beruht bekanntlich auf der Gleichheit der beiden Buchseiten. Die Sollseite (Vermögen) sinkt jährlich wegen der Entwertung, während die Habenseite gleichbleibt. Um die beiden Seiten wieder auf gleiche Höhe zu bringen, kann man die Sollseite „aufpropfen" auf die Höhe der Habenseite. Das ist das Verfahren der Abschreibung. Oder man vermindert die Habenseite hinunter auf die kleiner gewordene Sollseite. Das ist das Verfahren der Tilgung. Die für Abschreibungen aufgewandten Gelder bleiben dem Betriebe erhalten. Die für Tilgung aufgewandten Gelder verschwinden aus dem Betrieb. Selbstverständlich laufen stets beide Verfahren gleichzeitig nebeneinander her.

Amortisation. Dieses Fremdwort sollte vermieden werden. Es führt stets zu unklaren Auseinandersetzungen. Manche verstehen die Abschreibung, andere die Tilgung, andere beides unter dem einen Fremdwort. Es ist besser, mit Abschreibung und Tilgung die Einflüsse auf die Soll- und Habenseite klar zu trennen.

4. **Steuern** auf Besitz, Grundvermögen. Man vergesse nicht, daß nur $\frac{1}{4}$ aller Fernsprechanlagen der Welt Staatsbesitz sind, wo keine Besitzsteuern zu zahlen sind.

5. **Materialversicherung** gegen Feuer, Wasser, Eis, Wind, Hagel, Gewitter. Diese Versicherungen beziehen sich stets auf das Anlagekapital.

6. **Unfall-** und **Schadenersatzversicherung** für außenstehende Personen und Sachen. Diese Versicherungsart für das eigene Personal erscheint unter den Betriebskosten, weil sie ja von der Zahl des eigenen Betriebspersonals abhängig ist.

7. **Gerichtskosten.** Jede Verwaltung hat ständig gerichtliche Verfahren durchzuführen, deren Kosten gedeckt werden müssen.

8. **Wiederholte Zahlungen für Wegerechte.** Dazu gehören die jährlich sich wiederholenden Kosten, die z. B. eine Stadtverwaltung für die Benutzung der Straßen sich ausbedungen hat.

9. **Entgangener Gewinn.** Eine Betriebsgesellschaft muß oft irgendwelchen Behörden kostenlos Fernsprechdienst gewähren. Der Ausfall

von Gebühren ist entgangener Gewinn und muß als Ausgabe gebucht werden.

II. Die Betriebskosten.

Die Interstate Commerce Commission schreibt folgende Konten vor:

A. Instandhaltung:
- 601 Aufsicht der Instandhaltung,
- 602 Instandhaltung des oberirdischen Netzes,
- 603 ,, ,, unterirdischen Netzes,
- 604 ,, ,, Amtes,
- 605 ,, der Teilnehmerstellen,
- 606 ,, ,, Gebäude und Grundstücke,
- 607 Sprechstellenumbau und -verlegung.

B. Betrieb:
- 620 Betriebsaufsicht,
- 621 Amtssaal,
- 622 allgemeine Dienste,
- 623 Lohnverrechnung,
- 624 Gehälter der Beamtinnen,
- 625 Material und allgemeine Ausgaben,
- 626 Ruheräume, Krankenzimmer,
- 627 Schule,
- 628 Kraftanlage,
- 629 Schreibmaterial für das Amt,
- 630 Botendienste,
- 631 Verschiedenes: Wasser, Gas, Eis, Beleuchtung, Toiletten, Reinigung, Miete für nicht eigene Räume,
- 632 Instandhaltung der Münzautomaten,
- 633 Sonstiges.

C. Handlungsunkosten:
- 640 Geschäftliche Direktion,
- 641 Werbung, Reklame, Vorträge usw.,
- 645 Rechnungswesen,
- 646 Buchführung,
- 647 Einziehen der Gebühren,
- 648 Kommissionen für Zahlautomaten,
- 649 Teilnehmerverzeichnis,
- 650 Sonstiges.

D. Allgemeine Unkosten:
- 660 Direktionspersonal,
- 663 Material für Direktion,
- 667 (laufende juristische Kosten),
- 668 Personalversicherung,

669 Schadenersatz,

671 Verschiedenes: Pensionen, Unterstützungen aller Art, Beihilfen, Festlichkeiten, Versammlungskosten (Aktionärversammlung), Reisekosten.

Eine andere Einteilung der Betriebskosten für kleinere Betriebe lautet:

1. Personalkosten jeder Art: Gehälter, Löhne, Pensionen, Versicherungen, Spesen, Wohlfahrt.
2. Einkommensteuer.
3. Ersatzteile: Material, Frachten, Transporte, Instandhaltung von Gebäuden, Grundstücken, Fahrzeugen, Werkzeugen, Geräten, Abschreibungen auf Lagerteile.
4. Stromkosten für Amt, Werkstätte, Aufzüge.
5. Raumpflege: Miete, Heizung, Gas, Wasser, Eis, Reinigung, Beleuchtung.
6. Druckkosten und Schreibmaterial.
7. Verluste durch Diebstahl, Verlorengehen.
8. Versuche, Patente.

Die Größenordnung der Betriebskosten. Die Jahresberichte der Fernsprechunternehmungen sind keineswegs nach einheitlichen Grundsätzen aufgestellt und nur wenige lassen eine Einteilung der Betriebskosten erkennen. In den Vereinigten Staaten hat die Interstate Commerce Commission durch ihre Buchungsvorschrift vergleichbare Unterlagen möglich gemacht, und man findet stets die in den nachfolgenden Tafeln eingehaltene Anordnung. Im allgemeinen werden die Zahlen auf die Buchwerte der Anlageteile bezogen und das ist im folgenden beibehalten, obwohl z. B. die Abschreibung auf den Beschaffungswert bezogen werden sollte. Die absolute Höhe der einzelnen Ausgabeposten hat kein Interesse, jedoch sind die Literaturstellen angegeben (Ty = Telephony, Chicago). Die Unterlagen lassen eine feinere Unterteilung, z. B. Unterhaltungskosten für das Netz oder das Amt usw., nicht zu. Derartige Angaben findet man nur ausnahmsweise, so daß man nicht verallgemeinern kann.

Ausgaben in Prozent vom Buchwert + Abschreibung + Kassa, also ohne Forderungen, Beteiligungen:

	Ohio Ty 1. 8. 25	Illinois Ty 27. 7. 25	Lincoln Ty 7. 2. 25	Dodge City 7. 2. 25	Western Distrikt 26. 9. 25	Indiana 7. 10. 25	Schweiz 1924	Haag 1922	Mittel
Abschreibung	3,9	4,6	5,0	3,2	3,4	4,6	5,8	4,4	4,4
Unterhaltung	4,2	4,4	4,1	6,5	3,7	4,5	2,8	6,7	4,6
Betrieb	5,2	6,5	}6,4	6,6	4,3	7,0	}6,4	5,4	6,0
Handlungsunkosten . . .	1,7	1,56		}3,3	1,8	1,7		3,3	1,7
Allgemeine Unkosten . .	2,6	3,3			2,2	2,3		3,8	2,6
Zins, Steuern, Abgaben .	3,9	3,94	2,6	0,7	4,4	3,6	3,5	6,0	5,0
Gesamtausgaben	21,5	24,3	18.1	20,3	19,8	23,7	18.5	29,6	24,3

New York (Telephony, Juli 1926) hat laufende Kosten: 23,8% des Buchwertes. Dodge City ist eine kleine Anlage, die Schweiz hat etwa 200000 Anschlüsse, Haag (1922) 16200 Anschlüsse, Lincoln etwa 65000. Die anderen Gesellschaften haben alle mehr als 300000 Anschlüsse. Eine Trennung von Orts- und Fernverkehr ist nicht möglich gewesen, die Betriebskosten für Fernverkehr sind also in den obigen Zahlen enthalten. Da beim Fernbetrieb die Unterhaltungs- und Abschreibekosten, ferner Zinsen verhältnismäßig höher sind als im Ortsverkehr, so würde man die Posten „Betrieb" etwas vermindern, die anderen etwas erhöhen müssen, um auf den reinen Ortsverkehr zu kommen. Immerhin ist die Größenordnung ungefähr angebbar.

Die jährlichen Betriebskosten einer Ortsfernsprech-anlage sind rd. 25% der ganzen Anlage.

Man kann diese Größenordnung durch die summarischen Zahlen der Statistik des Weltpostvereins (Statistique Générale de la téléphonie), Bern 1922, bewahrheiten:

	Südafrika £	Argentinien Pesos	Belgien frcs.	Dänemark Kr.
Anlagekosten	3 851 840	66 732 000	186 889 000	118 651 000
Betriebskosten . . .	881 205	16 688 000	29 319 054	32 777 000
	23,2%	25,3%	16%	27,8%

	Ägypten £	Ver. Staaten $	England £	Formosa Yen
Anlagekosten	1 080 450	2 205 000 000	57 805 165	3 364 000
Betriebskosten . . .	194 500	534 000 000	13 095 705	1 335 500
	18%	24,3%	22,6%	39%

	Holland fl.	Schweden Kr.	Schweiz Fr.
Anlagekosten	61 002 000	220 297 100	253 668 000
Betriebskosten . . .	16 395 000	76 049 000	46 509 000
	26,9%	34%	18,5%

Also auch hieraus ergibt sich ein Mittelwert von 25%.

Umsatz. Schlägt man zu den Betriebskosten einen Gewinn (z. B. 8%) dazu, so erhält man eine jährliche Einnahme von rd. 33% des Buchwertes. Das „Kapital" wird also im großen und ganzen einmal in drei Jahren umgesetzt.

Die **Verteilung der Betriebskosten** kann aus der Zahlentafel S. 72 entnommen werden. Es ist aber oft bequemer, die einzelnen Posten der Ausgaben in Prozenten der Gesamtausgabe zu haben. Dazu kann man die Mittelwerte (S. 72) mit 100 : 24,3 = 4,1 vervielfachen und erhält:

Abschreibung . . . . 18,2% der gesamten Ausgaben,
Unterhaltung . . . . 19,2% ,, ,, ,,
Betrieb . . . . 24,6% ,, ,, ,,
Handlungskosten . . . 7,0% ,, ,, ,,
Allgemeine Unkosten . . 10,5% ,, ,, ,,
Zinsen, Steuern, Abgaben 20,5% ,, ,, ,,
    100,0% der gesamten Ausgaben.

Für kleine Anlagen verschieben sich die Prozentsätze etwas. Telephony (5. VI. 1926) gibt als Mittelwerte für 15 Anlagen mit 500 bis 800 Sprechstellen an (ohne Gewinn):

Abschreibung und Unterhaltung . . . 40,2% der gesamten Ausgaben,
Betrieb . . . . 25,6% ,, ,, ,,
Handlungs- und allgemeine Unkosten 26,8% ,, ,, ,,
Zinsen und Steuern . . . . 7,4% ,, ,, ,,
    100,0% der gesamten Ausgaben.

In einem Aufsatz über die kritische Untersuchung veröffentlichter Geschäftsberichte gibt Mc. Kinnon (Telephony 2. Oktober 1926) nachstehende Tabelle. In den Berichten von 177 mittelgroßen und großen amerikanischen Betriebsgesellschaften wird ausgewiesen:

Jahr	Abschreibungen in Dollar	Unterhaltung in Dollar	Verhältnis von A : U
1916	2 495 275	2 885 407	18,2 : 21,2
1923	6 399 536	6 572 117	18,2 : 18,7
1924	6 950 019	7 003 091	18,2 : 18,3
1925	7 569 133	7 590 194	18,2 : 18,3

Die Verhältniszahlen 18,2:18,3 bis 21,2 stimmen vollkommen mit dem aus den übrigen Unterlagen errechneten Verhältnis 18,2:19,2 überein. Man kann also sagen, daß Abschreibungen und Unterhaltung für den Durchschnitt von handbetriebenen Anlagen ungefähr gleich große Kosten verursachen.

Angemessener Gewinn. Mit wenigen Ausnahmen in den Vereinigten Staaten und Schweden sind die Fernsprechunternehmungen überall Monopole. Ein Monopol soll seine Konkurrenzlosigkeit nicht zur Erzielung unangemessener Gewinne mißbrauchen. Auch in dieser Richtung bringen die amerikanischen Verhältnisse eine Aufklärung. Der Übergang von unbeschränkter Privatwirtschaft zu dem Eingreifen der Interstate Commerce Commission (bzw. Public Utility Commissions in den einzelnen Staaten) ist selbstverständlich nicht ohne große Meinungsverschiedenheiten abgelaufen. Es entstanden große Prozesse. Jedesmal dreht es sich um die Feststellung des ,,Wertes'' der Anlage und des angemessenen Gewinnes. Durchschnittlich erlauben die Gerichte einen Gewinn von 7 bis 8% auf den gerichtlich festgesetzten Wert der Anlage.

Einzelheiten der Betriebskosten. Die Betriebskosten müssen weiter unterteilt werden, um Vergleiche verschiedener Systeme zu ermöglichen. Man fragt zunächst nach dem Gesamtpersonal und findet sehr weit auseinandergehende Zahlen:

Norwegen (Journal Télégraphique 1923):
66 786 Sprechstellen; Personal 1857;
also 1 Person auf 36 Sprechstellen.

A.T.T. Co. (Journal Télégraphique 1925, S. 131):
10 400 000 Sprechstellen; 272 000 Personen;
1 Person auf 38 Sprechstellen.

Marion Ohio (Automatic Telephone, Jan. 1921):
Handbetrieb 1916:
5260 Sprechstellen; 63 Angestellte ohne Handlungspersonal.
Wählerbetrieb 1919:
6478 Sprechstellen; 21 Personen ohne Handlungspersonal.

Haag 1922:
24 275 Sprechstellen; 641 Personen;
1 Person auf 38 Sprechstellen.|

Bayern (Das deutsche Telegraphen-, Fernsprech- und Funkwesen 1899 bis 1924, Reichsdruckerei 1919):
Hauptstellen 89 636; Nebenstellen 50 241, also Sprechstellen 150 000.

Fernsprechpersonal: Hauptverwaltung 6
Oberpostdirektionen. 101
Zentrale Ämter 117

	Verwaltungs-dienst	Betriebs-dienst	Technischer Dienst	Bau-dienst	
Planmäßige Beamte . .	71	1618	189	24	
Außerplanmäßige Beamte	11	837	35	167	
Hilfskräfte	25	505	87	25	
Anteil der Telegraphenarbeiter	—	—	75	1734	5423

Zusammen: 5647

Also 1 Person auf 28 Sprechstellen.

Angabe: Telephony 17. X. 1925: 181 Ämter (meist Handbetrieb) mit 1 246 000 Sprechstellen, 20 000 Angestellte,
also 1 Person auf 62 Sprechstellen.

Man kann diese Zahlen nicht miteinander vergleichen. Man kann z. B. zwischen Schrankbeamtinnen und Rechnungsbeamtinnen nicht unterscheiden. Ob im Haag das Baupersonal eingeschlossen ist, war nicht zu finden. Bei Gesellschaften in einer Stadt allein wird zeitweise wenig Baupersonal zu finden sein, eine große Verwaltung mit sehr vielen Anlagen und Fernverkehr hat stets ein großes Baupersonal, das z. B. in den bayerischen Zahlen eingeschlossen ist. Immerhin kann man eine bestimmte Größenordnung erkennen.

Selbst das Personal für das Rechnungswesen läßt sich nicht allgemein angeben, denn die Verrechnung hängt in erster Linie vom Tarif ab. Bei Pauschaltarif erhält einfach das Bankkonto eines Teilnehmers den Auftrag zu monatlicher Zahlung. Bei Gebührentarif müssen die Zähler abgelesen werden.

Genauere Zahlen können nur für das Personal für den Verbindungsdienst und die Instandhaltung angegeben werden. Im Handbetrieb rechnet man für den Verbindungsdienst 2- bis 2,2mal Platzzahl als Zahl der Beamtinnen. Dazu kommen je nach Leistung und Erfahrung:

		Mechaniker	Hilfskräfte am Hauptverteiler, Maschinen, Störungsstelle usw.
Handbetriebsamt	in kleinen Anlagen bis 1000 Anschlüsse	1	2
	in großen Anlagen mit mehreren Ämtern für ein 10000-Amt	5	10

Für Wählerbetrieb berichtet am ausführlichsten Dr. C. E. A. Maitland, Amsterdam (Fernmeldetechnik 1926, Heft 5 und 6), der auch genau auf die Störungszahlen eingeht. Daraus ergeben sich für ein Wähleramt mit 10000 Anschlüssen und Verbindungsverkehr von und zu 4 anderen großen Ämtern und Fernamt:

Für ein 10000-Amt: 2 Hauptmechaniker,
10 Mechaniker,
6 Hilfskräfte (einschl. Nachtdienst),
6 Reinemacher, Staubwischer.

Für den Verbindungsverkehr: 2 Mechaniker,
2 Hilfskräfte.

Dieses Personal führt auch die der „Werkstatt" zufallenden größeren Arbeiten aus.

Ersatzteile. Angenähert kann man rechnen:
Handbetrieb: 1,3% des Anlagewertes des Amtes,
Wählerbetrieb: 0,2% des Anlagewertes des Amtes.

Stromkosten: Je Anschluß im Tag:
Handbetrieb: 7 Wattstunden,
Wählerbetrieb: 15 Wattstunden.

Raumpflege wird im allgemeinen auf die Bodenfläche bezogen. Man rechnet für 1 qm Bodenfläche etwa 50 kg Koks (Jahr für Heizung). In Wähleranlagen ist etwas weniger zu rechnen, weil der Wählersaal niedriger ist als ein Handbetriebssaal; ferner ist für Wählersäle weniger Luftwechsel erforderlich. Abgesehen von etwaiger Miete belaufen sich die übrigen Raumpflegekosten etwa so hoch wie die Heizung.

Stationspflege: Etwa 2 Hilfskräfte für 1000-Stationen mit Nummernschalter und 1,5 Hilfskräfte für 1000-Stationen ohne Nummernschalter. Manchmal findet man sehr niedrige Zahlen für Stationspflege: Muskegon Mich. (Automatic Telephone Chicago, December 1920): 4,53 Cents (= M. 0,20) je Nummernschalter im Jahr.

Leitungskosten. Im Jahrbuch 1925 der Schweizerischen Tel.- und Tel.-Verwaltung sind die Leitungskosten gesondert dargestellt:

Für Ortsleitungen:	Länge in km	Anlagewert in fr.	Ausgaben für Unterhalt und Erneuerung je km im Jahr fr.
1925.	307,713	89 988 349	6,24
1924.	286,767	84 210 463	7,47

dabei sind von den Teilnehmerleitungen:

vollständig oberirdisch 7,4%
teils ober-, teils unterirdisch 72,5%
vollständig unterirdisch . . . . 20,1%.

Im Jahresbericht 1924 war noch weiter unterteilt in
Unterhalt und Erneuerung je km oberirdischer Leitung 11,58 fr.
Unterhalt und Erneuerung je km unterirdischer Leitung 1,37 fr.

Leider findet man derartige genaue Zahlen nur sehr selten, und man darf sie selbstverständlich nicht verallgemeinern. Trotzdem geben sie einen Anhalt über die Größenordnung.

Die wirtschaftliche Rechnung kann verschiedene Ziele haben: Die Feststellung der nötigen Tarife. Dann umfaßt die wirtschaftliche Rechnung alle Zweige. Oder es soll ein Vergleich verschiedener technischer Anordnungen gemacht werden. Dann sind die Handlungsunkosten nebensächlich. Letzten Endes läuft die Untersuchung auf einige wenige Zahlen hinaus. Z. B. urteilt Purves (Lit. 3) auf Grund von 6 Zahlen über Hand- gegen Wählerbetrieb.

Anschaffungskosten: Amt,
„　　　　　　Teilnehmerstellen.
Laufende Kosten: Zinsen,
　　　　　　Abschreibung,
　　　　　　Unterhaltung,
　　　　　　Betrieb.

In dieser Rechnung erscheint das Netz nicht. Offenbar sollen beide Anlagen das gleiche Netz benutzen.

Langer (Lit. 4a) hat Vergleichszahlen für die Betriebskosten von Hand- und Wählerämtern angegeben. Für ein Einzelamt mit 10000 Anschlüssen erhält er folgende Zahlen als Betriebskosten je Anschluß im Jahr ausschließlich Netz:

Gespräche: je Tag je Anschluß . . 9   15   20

          Handamt . . . . M. 38   52   64

          Wähleramt . . . . ,, 31   35   39

Für eine unterteilte Anlage mit 60000 Anschlüssen:

Gespräche: je Tag je Anschluß . . 9   15   20

          Handamt . . . . M. 60   90   118

          Wähleramt . . . . ,, 31   35   39

Die Buchführung der deutschen Reichspost ist nicht die reine doppelte Buchführung, weil sie sich der vor 1924 angewandten kameralistischen Buchführung anpassen mußte. Gebbe (Lit. 13) gibt darüber genaue Auskunft.

VII. Die Abschreibungen.

Der Unterschied zwischen Abschreibung und Tilgung soll nochmals klar festgelegt sein:

Der Grundsatz ist die Gleichheit der beiden Buchseiten. Die linke (Vermögensseite) entwertet sich fortlaufend. Zur Herstellung der Gleichheit kann man

1. die linke Buchseite erhöhen, das ist das Verfahren der Abschreibung. Also das Kapital bleibt erhalten und die für Abschreibungen aufgewandten Gelder bleiben dem Unternehmen erhalten,

2. die rechte Seite verkleinern, das ist das Verfahren der Tilgung, z. B. durch Löschen von Bankschulden, Rückzahlen von Schuldverschreibungen. Die für Tilgungen aufgewandten Gelder verschwinden aus dem Unternehmen.

Selbstverständlich kommen in allen großen Unternehmungen stets beide Arten des Bilanzausgleichs vor.

Theorie der Abschreibungen. In jedem kaufmännisch geordneten Unternehmen werden alle geschäftlichen Vorkommnisse durch die doppelte Buchführung erfaßt. Der Zweck der doppelten Buchführung ist die Darstellung der Vermögensveränderungen. Dazu dient die Gewinn- und Verlustrechnung und die Vermögensbilanz. In beiden Unterlagen müssen die beiden Seiten gleich hoch sein.

Es ist nicht Zweck der vorliegenden Schrift, eine Bilanzlehre zu geben. Hier sollen nur die für Fernsprechbetriebe geltenden Größenordnungen der einzelnen Konten besprochen werden.

In der Bilanz enthält die linke Seite (Soll, Debit) die Vermögensteile (Aktiva). Die rechte Seite (Haben, Kredit) weist die Verpflich-
tungen, Schulden (Passiva) aus. Beide Seiten verändern sich im Jahre
und werden durch die Gewinn- und Verlustrechnung wieder auf Gleichheit gebracht. Die über die Kasse verrechneten Veränderungen der
Vermögensteile sind leicht zu erkennen und dementsprechend auch buchhalterisch leicht zu erfassen. Die Vermögensteile weisen aber auch nur
mittelbar festzustellende Wertänderungen auf, sowohl Zu- als Entwertungen, die ebenfalls buchhalterisch zu erfassen sind.

Es wird sich herausstellen, daß die Entwertungen zu den wichtigsten wirtschaftlichen Vorkommnissen im Wählerbetrieb gehören, und
wir wollen die Frage wie folgt behandeln:

Zunächst werden die wichtigsten Gründe der Wertminderungen in
Fernsprechanlagen erläutert, damit der Leser einen Begriff bekommt,
um welche Größenordnungen es sich handelt. Daran schließt sich ein
kurzer Hinweis auf die gesetzlichen Grundlagen. Es folgen die kaufmännischen Möglichkeiten zur Deckung der verschwindenden Aktiven.
Dabei treten Schwierigkeiten in der Behandlung der Unterhaltungskosten und der Wertminderungen auf. Bei dieser Gelegenheit gehen
wir auch auf die grundsätzlichen Unterschiede zwischen Hand- und
Wählerbetrieb hinsichtlich der Wertminderungen ein. Ein kurzer Über-
blick über die Geschichte dieser wirtschaftlichen Betrachtungen schließt
den theoretischen Teil ab. Es folgt dann die praktische Behandlung.

Die Ursachen der Wertminderungen in den Fernsprechanlagen.

a) Abnutzung. Fernsprechanlagen sind technische Einrichtungen,
die wie alle körperlichen Gegenstände nach und nach verbraucht werden.
Der Fernsprechbetrieb gehört nun zu den fortlaufend diensttuenden
Unternehmen, die abgebrauchten Teile müssen daher ersetzt werden.
Ein Gegenstück macht das klarer: In einem Steinbruch erschöpft sich
die Grundlage des Unternehmens (der gewachsene Stein) und kann
nicht durch Ersatz fortlaufend betriebsbereit gemacht werden. Der
technische Zweck der Fernsprechanlagen ist die Herstellung von Verbindungen zwischen den Teilnehmern. Die Anlagen haben also einen
ähnlichen Zweck, wie die Straßenbahnwagen, und gerade wie diese
nicht Selbstzweck sind, sondern nur als „Werkzeuge" zu betrachten sind,
so müssen auch im Fernsprechwesen die Kosten für die „Werkzeuge"
als Gestehungskosten des Fabrikats („hergestellte Verbindung") auf-
gefaßt werden. Die Aufgabe für die buchmäßige Erfassung dieser Teile
der Herstellungskosten liegt also darin, wieviele Pfennige man auf jede
„Leistungseinheit" (jede hergestellte Verbindung) zur Deckung der all-
mählich verbrauchten Werkzeuge (Handamtsschränke, Wähler, Gebäude,
Kabel, Sprechstellen usw.) rechnen muß.

b) **Veralten.** Die Fernsprechtechnik ist rd. 50 Jahre alt. In dieser Zeit hat sich die Technik mehrmals so verändert, daß die technisch noch brauchbaren Einrichtungen durch Neuerungen so überholt wurden, daß sie wirtschaftlich unbrauchbar wurden. Zuerst hatte man nur einen Apparat (elektromagnetischen Hörer) zum Hören und Sprechen. Dann kamen die aus einer Batterie in den Sprechstellen gespeisten Mikrophone zum Senden und die elektromagnetischen Hörer zum Empfangen. Gleichzeitig veränderten sich die Verbindungseinrichtungen im Amte von der mündlichen Weitergabe der Mitteilung von Leitung zu Leitung durch einen Beamten bis zum Vielfachschrank. Es folgte das Zentralbatteriesystem. Schon in den Geburtsjahren der Fernsprecherei begann die Entwicklung der selbsttätigen Vermittlung der Verbindungen, 1898 war diese Technik für den öffentlichen Dienst reif geworden und heute gehen alle Verwaltungen zu dieser Betriebsweise im Ortsverkehr im großen Maßstabe über. Auf dem Gebiete der Leitungsführungen begann man mit eindrähtigen Eisenleitungen auf Gestängen, es kamen die bronzenen Doppelleitungen, dann die unterirdischen Kabel, ferner die Pupinspulen und Krarupkabel und endlich die Verstärker, die im Ortsverkehr zurzeit noch keine Rolle spielen, im Fernverkehr aber alles umgestalten. Diese Fälle von Neuerungen lassen andauernd die „veralteten" Einrichtungen vor ihrem körperlichen Ende verschwinden. Die wirtschaftliche Fragenstellung lautet nun: In den Büchern stehen diese Dinge noch mit beträchtlichen Posten in den Vermögenswerten. Wie kann man das plötzliche Verschwinden dieser Posten so einrichten, daß die Abstriche auf der einen Seite nicht mit einem Male durch einen übergroßen „Verlusteintrag" auf der anderen Seite der Bücher wettgemacht werden müssen?

c) **Unzulänglichkeit.** Die Fernsprecherei ist ein auf andauernde Vergrößerung des Betriebes einzurichtendes Unternehmen. Die Schätzung des Bedarfs auf Jahre hinaus gehört zu den schwierigsten und verantwortungsvollsten wirtschaftlichen Fragen. Man muß Gebäude für die Ämter errichten, Leitungen in den Straßen legen usw. Wie nun, wenn die Stadt sich anders entwickelt als angenommen? Einige Beispiele: In Berlin geht die Umbildung der inneren Stadt von Wohn- zu Geschäftszwecken mit Riesenschritten voran. In London ist in den Straßen der „City" kein Platz mehr für neue Kabel. In Hamburg hat man in der Nähe des Bahnhofs Wohnhäuser abgerissen und baut große Geschäftshäuser. Nicht zu unterschätzen ist der Einfluß der gesetzlichen Anerkennung der fernmündlich abgeschlossenen Geschäfte, so daß der langsamere Briefverkehr durch den schnellen Fernsprecher zum Teil ersetzt wird. Desgleichen ist wichtig das Werben von Kundschaft über den Fernsprecher. Diese Veränderungen im Hin- und Herfließen des Verkehrs werfen oft alle Pläne über den Haufen. Das Amtsgebäude steht nicht mehr im Schwerpunkt des Verkehrs, das Heranführen der neuen Leitungen zum Amt wird zu teuer. Die Kabelkanäle und Gestänge werden zu klein, Platz für neue Kabel ist nicht mehr vorhanden. Andere Kanäle sind zu groß. Die technischen Einrichtungen an sich sind noch „modern" und trotzdem müssen sie „umgebaut", „angepaßt", im schlimmsten Falle beseitigt werden. Die verantwortlichen Führer der Fernsprechunternehmen sind sich dieser nicht technischen Wertminderung durchaus bewußt. Die wirtschaftliche Frage lautet nun so: Durch welche buchhalterischen Maßnahmen sichert man sich die Deckung für solche Arbeiten?

d) Unglücksfälle. Ein Amt kann abbrennen, Sturm, Schnee und Eis, Erdbeben, politische Unruhen können große Werte vernichten. Manche dieser Möglichkeiten sind im Leben so regelmäßig, daß die Schäden durch besondere Versicherungen gedeckt werden (Feuerversicherung). In den Vereinigten Staaten schließen sich zahlreiche kleinere Fernsprechgesellschaften zusammen und gründen eine Versicherung gegen Schnee- und Windbruch. Andere Möglichkeiten werden nicht vorbeugend gedeckt, wie politische Unruhen, Erdbeben. Verluste aus solchen Ursachen bleiben „Wagnisse" (Risiko). Etwaige vorsichtige Deckungen dafür versteckt man häufig unter dem Titel „besondere Rücklagen", über die noch zu sprechen sein wird. Abgesehen von solchen großen, tiefgreifenden Einflüssen kommen aber viele kleine Zerstörungen vor: Unachtsamkeit des Personals, Versagen von Motoren und Batterien, Diebstähle und anderes, was nicht durch Versicherungen gedeckt werden kann.

Nicht zu vergessen ist die Art der Bedienung der Apparate. Teilnehmer können ihre Sprechstellen mißhandeln, fremde Erdarbeiter zerhacken die Kanäle und Kabel, die Beamtinnen handhaben die Schnüre falsch, Wählermechaniker beachten beginnende Abweichungen vom Regelzustand nicht. Gewiß — das sind Vorkommnisse, die der Verwaltung zur Last zu legen sind, und die in gut geführten Anlagen unbedeutend sind. Diese Wertminderungen können aber wirtschaftlich sehr unangenehm werden.

Alle diese Schädigungen müssen in der wirtschaftlichen Betriebsführung bedacht werden.

e) Juristische Gründe. Sehr oft „veralten" Anlageteile, weil ihre Umgebung sich ändert. Die Häuser mit Traggestellen auf den Dächern werden abgerissen, Straßen werden umgelegt. Bahnhöfe werden gebaut, Brücken, die bisher zur Kabelüberführung dienten, werden verlegt, in einer Straße wird die Kanalisation geändert, eine Hochspannungsleitung wird gebaut und gefährdet den Fernsprechdienst. Nicht immer ist es möglich, den Stellen, die die Änderungen verursachen, alle Kosten aufzubürden. Auch kann es vorkommen, daß eine neu anzulegende Fernsprecheinrichtung in die Rechte eines Altbesitzers eingreift, dann muß die Fernsprechverwaltung den Altbesitzer abfinden. Das alles sind sicher zu erwartende Ausgaben, die durch die „Abschreibungen" erfaßt werden müssen.

f) **Preisschwankungen.** Insbesondere in der Bewertung der Läger bedingt die Anpassung der Buchwerte an die Marktlage oftmals große „Verluste". Die Preise sind in den letzten Jahren sehr stark auf- und abgegangen und die mit hohen Preisen eingekauften, noch nicht verbrauchten Bestände müssen laufend auf die Marktpreise herabgewertet werden. Die Schweiz z. B. erlitt in den Jahren 1921 bis 1924 Verluste von 10,7 Mill. Franken, die erst nach und nach abgeschrieben werden. Umgekehrt, wenn die Preise steigen, kann man selten die Läger aufwerten, wenigstens nicht in Deutschland, sondern man darf sie höchstens mit den Anschaffungskosten in die Bilanz einstellen.

g) **Altwert.** Wenn ein Teil ausgewechselt wird, so enthält er meistens noch Einzelteile, deren Wert nicht ganz verschwunden ist. Das Kupfer und Blei verdorbener Kabel, der Verkaufswert eines nicht mehr für Fernsprechzwecke zu gebrauchenden Gebäudes oder Grundstückes können sogar recht erheblich sein. Ein tatsächliches Vorkommnis: In einer großen Stadt war vor Jahren ein sehr großes Handamt gebaut worden und alle Anschlüsse wurden dahin verlegt. Nun wird die Anlage durch Wählerämter ersetzt, die bekanntlich eine starke Verkürzung der Anschlußleitungen ermöglichen. Dadurch wird sehr viel Kupfer frei, das einen Teil der Unkosten ersetzt. Oft allerdings laufen die Abbruchkosten höher auf als der Altwert. Also können die Wertminderungen unter Umständen die Anschaffungskosten übersteigen. Die wirtschaftliche Rechnung muß derartige Wertminderungen, Altwerte, Wertzunahmen erfassen.

Das **gemeinschaftliche Merkmal** aller dieser Wertänderungen liegt darin, daß sie nur geschätzt werden können. Im allgemeinen liegen so viele Erfahrungen vor, daß eine geordnete wirtschaftliche Rechnung tatsächlich möglich ist. Man findet allerdings in vielen Äußerungen von Fachmännern ein etwas ängstlich anmutendes Unbehagen vor den Erfindern („Veralten"), die ja gerade in unserer Zeit durch den Rundfunk allerlei wirtschaftliche Voraussagungen umstoßen, z. B. Verbreitung von Marktberichten über den Rundfunk, statt über den Drahtferndienst. Das ist in den Vereinigten Staaten eine sehr beträchtliche Einbuße des Fernverkehrs. Anderseits steigen die Anforderungen an das Verkehrsmittel „Fernsprecher" so stark, daß alle Verwaltungen zurzeit Mühe haben, den Anforderungen nachzukommen, so daß also Neuerscheinungen, wie Rundfunk, zurzeit nicht zu fürchten sind.

Um nun einen Begriff von der **Größenordnung** aller genannten wertmindernden Einflüsse zu geben, sei — den späteren Ausführungen vorgreifend — mitgeteilt, daß die Summe zur Deckung der Kosten etwa die Höhe der jährlich zu zahlenden Dividende erreicht, wenn man das ganze Unternehmen als Erwerbsgesellschaft auffaßt. Es sei aber ausdrücklich betont, daß diese sehr allgemeine Zahl nur aufs Ganze bezogen werden darf. Erwartet man z. B. 8% Dividende, so soll das nicht heißen, daß man für Kabel, Ämter, Motoren, Gebäude usw. je 8% ihres Neuwertes als Deckung ihrer Wertminderungen ansetzen soll. Die Einzelposten, die zusammen 8% ergeben, sind für die Einzelteile sehr verschieden.

Die Erkenntnis der Bedeutung der Wertminderungen hat schon das Altertum gehabt, indem z. B. für Gebäude für jedes Jahr $1/_{80}$ des Bauwertes abgezogen wurde, um auf den gegenwärtigen Wert zu kommen.

Heutzutage liegen in allen hochentwickelten Staaten gesetzliche Vorschriften über die Behandlung der Wertminderungen vor. In Deutschland stehen sie in den §§ 40 und 261 des Handelsgesetzbuches. Ein näheres Eingehen darauf würde hier viel zu weit führen. Es sei z. B. verwiesen auf Emil Schiff, „Die Wertminderungen an Betriebsanlagen", wo die rechtliche Grundlage ausführlich besprochen wird. In England sind es Vorschriften des Board of Trade. Diese Bestimmungen sind sehr allgemein und gelten für alle Vermögensbewertungen. In den Vereinigten Staaten, wo es etwa 17000 Fernsprechunternehmungen gibt, sind Einzelbestimmungen über Fernsprechanlagen erlassen worden. Wir können aus diesen Vorgängen soviel lernen, daß wir hier kurz auf die Geschichte der Interstate Commerce Commission (Ausschuß für zwischenstaatlichen Handel) eingehen wollen.

Bis etwa 1906 war das geschäftliche Gebahren der Erwerbsgesellschaften keinerlei Beschränkungen unterworfen. Die schädlichen Wirkungen von Tarifkämpfen der Bahnen auf das Geschäftsleben ließen 1906 das „Public Utility Law", das Gesetz für öffentliche Belieferungsgesellschaften entstehen. Nach diesem Gesetz darf keine Fernsprechgesellschaft ihr Kapital oder ihre Tarife ändern ohne Genehmigung der Staatsbehörde (Public Utility Commission und Zentralbehörde Interstate Commerce Commission). Nun gewährleistet die Verfassung der Vereinigten Staaten die Möglichkeit eines angemessenen Gewinnes auf den angemessenen Wert eines Unternehmens, d. h. die „Commissions" müssen solche Tarife zulassen, daß ein angemessener Gewinn erzielt werden kann.

Noch hat sich dieses Eingreifen der Staatsgewalt nicht soweit eingelebt, daß alle Vorgänge ohne Prozesse sich abwickeln könnten. In diesen Prozessen aber kommen gerade die Zahlen, was angemessener Gewinn sein soll und wie der gegenwärtige Wert festgestellt werden solle, besonders deutlich zum Ausdruck. Die Chicagoer Zeitschrift Telephony berichtet fortlaufend darüber.

Die Schwierigkeiten im Verständnis des Begriffes „Abschreibung". Die Abschreibungen sollen das Kapital erhalten. Man stößt sofort auf mehrere große Schwierigkeiten.

1. Man weiß, daß gewisse Anlageteile sich entwerten, z. B. Kabel. Man kann aber mit keinerlei Maßnahmen diese Teile selbst „aufwerten", im Gegenteil, je weniger man an den Teilen arbeitet, desto besser. Trotzdem muß der verschwindende Wert ersetzt werden. Da hilft der Grundsatz: Man muß nicht artgleich ersetzen. Hat man irgendwie gefunden, daß die Kabelanlage im Jahre sich um M. 20 000 entwertet hat, so kann man für dieses Geld irgendetwas anderes anschaffen, z. B. ein neues Amtsgebäude oder Teilnehmerstationen. Es handelt sich nur darum, das Vermögen (Aktiven) zu erhalten. Buchhalterisch macht man das so: Man bucht so, als ob man Ausgaben gemacht hätte, d. h. man erkennt (Habenseite) ein besonderes Konto, das „Abschreibungskonto". Die Belastung kommt in die Unkosten. Daraufhin macht man allerlei Ausgaben. Das Geld zur Bezahlung nimmt man aus der Kasse (erkennt die Kasse) und belastet das Abschreibkonto. Achtung! Man belastet mit diesen Ausgaben nicht die Unkosten, denn hier sind sie ja schon im vorausgehenden Jahre belastet gewesen. Aus dieser Überlegung heraus versteht man folgende Erklärung des Begriffes „Abschreibungen": Sie sind noch nicht gemachte Ausgaben oder zukünftige, sicher zu erwartende Ausgaben. Dieses Verfahren ist buchhalterisch in Ordnung, reicht aber für den Zweck des Abschreibewesens nicht aus. Wir sollen den Wert der Anlageteile erfassen. Angenommen, es handle sich um ein Amtsgebäude. Es stehe im Jahre 1920 mit M. 100 000 im Vermögen. Wenn wir nun das ganze Abschreibeverfahren über Abschreibekonto-Unkosten, Kassa-Abschreibekonto erledigen, so bleibt das Haus mit M. 100 000 in den Büchern stehen. Nun soll das Haus im Jahre 1930 verkauft werden. Was ist sein Wert? Gewiß, man kann seinen Wert abschätzen, aber angenommen, es brenne ab, dann kann es nicht mehr abgeschätzt werden, und die von der Feuerversicherung ausgezahlte Summe deckt sich nicht mit dem wahren Werte des Hauses. Ein strengeres Verfahren ist folgendes: In jedem Jahre erkennt man ein- oder mehrmals jedes einzelne Vermögensstück mit einer Abschreibung und belastet das Abschreibekonto. Ferner erkennt man das Abschreibekonto mit diesem oder einem höheren Betrag und belastet damit wieder die Unkosten. Zur Aufstellung der Bilanz nimmt man von den Vermögensteilen nur den Saldo (Unterschied der beiden Buchseiten) in die Bilanz. Somit erscheint das Haus in der Bilanz mit seinem wahren, und zwar kleineren Werte. Dann aber wird das Vermögen kleiner, man muß „aufpfropfen". Wie schon erläutert, kommen verschiedene Vorgänge in Frage: 1. Man führt eine Erneuerung aus (neuer Verputz, neues Dach). Bei dem soeben beschriebenen strengeren Verfahren erkennt man die Kasse und belastet das Hauskonto (Vermögen). Nun kann die Erneuerung wertvoller sein, als die schon vorgenommene Abschreibung oder umgekehrt. 2. Man „pfropft" nicht artgleich auf. Man kauft einfach andere neue Teile, man erkennt Kasse und belastet das Anlage-

konto des betreffenden Teiles, d. h. das Abschreibewesen und die Buchungen für Ersatzkosten laufen nebeneinander her. Wie weiß man
aber, wieviel man in dieser Weise neu anschaffen darf? Streng genommen sollten die Ersatz- und Instandhaltungskosten den tatsächlichen
Abschreibungen, also den Sollposten des Abschreibekontos gleich sein.
Ein Konto, aus dem man diese Gleichheit ersehen kann, ist in dem
obigen Verfahren nicht vorgesehen. Das Ausgleichen dieser Buchungen
ist Sache der Geschäftsführung. Der verantwortliche Führer wird die
Zahlen irgendwie dauernd ersichtlich machen, gegebenenfalls mit Hilfs-
büchern. Das geschilderte Verfahren hat zwar den Vorteil, daß man
jederzeit den Wert jedes einzelnen Vermögensteiles sehen kann, aber
auch den Nachteil einer sehr verwickelten und teuren Buchhaltung.
Man kürzt das Verfahren deshalb oft ab, indem man nicht Einzelabschrei-
bungen bucht, sondern in die Bilanz nur eine einzige summarische Buchung auf der Habenseite einträgt. Für die Bilanz ist das zulässig und
ausreichend, führt aber zu großen Schwierigkeiten bei Abstoßungen einzelner Teile (Verkauf eines Hauses, Lagerschuppens) oder noch schlimmer
bei Erbschaftsteilungen.

Fassen wir zusammen: Die Erfassung der Wertminderungen durch
summarische oder Einzelbuchungen richtet sich nach der Art des Ge-
samtbetriebes. Eine Staatsverwaltung, die sich nicht mit Teilungen
(Erbschaft, Verkäufe) zu befassen hat, kann summarisch verfahren.
Privatbetriebe sollten sich jederzeit des Wertes jedes einzeln verkäuf-
lichen Vermögensteiles bewußt sein. Es sei nicht verschwiegen, daß die
Einzelwerte selten in der öffentlichen Bilanz erscheinen, aber sie sind
tatsächlich in der „inneren" Bilanz enthalten.

2. Es ist nicht nötig, daß das Abschreibkonto jedes Jahr sich selbst
ausgleicht. Wenn die Habenseite größer ist, d. h. wenn man buchmäßig
mehr abgeschrieben als neu beschafft hat, so trägt man den Saldo auf
der Habenseite der Bilanz auf das nächste Jahr vor. Das sind die sog.
Abschreiberücklagen. Wenn die Sollseite größer ist, so heißt das,
daß man mehr als zulässig ersetzt hat. Es ist nicht möglich, diesen
Saldo auf der Sollseite der Bilanz für das nächste Jahr vorzutragen,
weil ein solches Verfahren unzulässige „Werte" einführen würde. Man
kann nur helfen, indem man den Saldo durch „Sonderabschreibungen" verschwinden läßt. Das ist eine für die Geschäftsführung
sehr unangenehme Erfahrung.

3. Sonderabschreibungen sollen also möglichst vermieden werden. Bei kleinen Unternehmungen kommt nun eine sehr wichtige Überlegung dazu. Eine kleine Aktiengesellschaft besitze ein Handamt, das
20% des ganzen Vermögens ausmache. Es lebt als eine Einheit ab.
In einem bestimmten Jahre muß es ersetzt werden. In diesem Jahre
sind aber nur etwa 8% des Vermögens über Abschreibung verfügbar.
Buchmäßig sei das Abschreibeverfahren so gehandhabt worden, daß für

die Abschreibesummen artungleiche Ankäufe gemacht wurden. Das Vermögen war also durchaus erhalten worden. In dem gefährlichen Jahre kann man aber nicht etwa die Dividende auslassen, zumal sie zur Bestreitung der Kosten des neuen Amtes zusammen mit der Abschreibung doch nicht ausreichen würde. Es gibt nun zwei Verfahren:

a) Die Gesellschaft nimmt eine Bankschuld auf und tilgt diese in den kommenden Jahren. Dieses Verfahren ist gefährlich und außerdem falsch. Gefährlich, weil der Geldmarkt in diesem Jahre gerade sehr ungünstig sein kann, also hohe Bankzinsen gezahlt werden müssen. Falsch, weil das neue Amt ja nicht werbekräftiger ist als das alte, vorausgesetzt, daß das alte Amt vorschriftsmäßig instandgehalten war. Die Bankzinsen sind also eine beträchtliche Mehrbelastung ohne entsprechende Mehreinnahmen.

Nun wendet man ein: Es werden doch von vielen Gesellschaften Gelder aufgenommen und getilgt. Ja — aber nicht von kleinen Gesellschaften in sehr hohem Betrage.

b) Man errichtet einen „echten Erneuerungsfonds". Dieses Wort hat schon viel Unheil angerichtet. Es wird sehr oft mit „Erneuerungsfonds", „Rücklagekonto" und was sonst noch verwechselt. Wir wollen zur Sicherheit ein anderes Wort gebrauchen: „Sparkonto" oder „Lebensversicherung". Wenn eine Gesellschaft weiß, daß das eine oder andere Vermögensstück nicht aus der jährlichen Abschreibung gedeckt werden kann, so legt sie für diese Stücke ein Sparkonto an. Das kann ein ganz regelrechtes Sparbuch sein oder sichere Wertpapiere oder Wertstücke, die jederzeit vollwertig „realisierbar" sind. Die jährliche Sparprämie oder „Lebensversicherungsprämie" wird so bemessen, daß die Summe in der Lebensdauer der Vermögensstücke mit Zinseszinsen auf den gewünschten Betrag aufläuft. Wie erscheint nun dieses Sparbuch in der Bilanz? Es ist Geld, ein Vermögensstück, also Aktivum, d. h. es ist lediglich ein nicht beliebig verfügbarer Teil der Kasse. Die Buchungen sind: Die Kasse wird mit der Prämie erkannt, das Sparkonto wird belastet. Der Saldo des Sparbuches erscheint auf der Sollseite der Bilanz.

Aus diesen Überlegungen ist klar zu erkennen, daß solche Sparkonten nur für kleine Gesellschaften notwendig sind, nicht für sehr große Unternehmungen, z. B. große Staatsverwaltungen. Angenommen das gleiche Handamt sei ein Teil einer großen Verwaltung. Dann ist sein Wert nur ein kleiner Teil des Gesamtvermögens und liegt weit unter dem Betrage der Gesamtabschreibung. Man ersieht aus dieser Gegenüberstellung die Bedeutung der Höhe eines Vermögensstückes im Verhältnis zum Gesamtvermögen.

4. Man wird selten ein Vermögensstück vollständig artgleich ersetzen. Beim Neubau wird man stets erweitern und technische Verbesserungen einführen. Wie ist diese Vermögenszunahme zu behandeln?

Die Kosten des Neubaues sind zu teilen. Der Wert des abgebauten Teiles geht über die Abschreibungen in die Bücher, der Rest als Vermögenszunahme. Das Geld für den Teil „Vermögenszunahme", d. h. die Habenbuchung ist neues Geld. Wenn eine Gesellschaft neue Werte „aus dem eigenen Betriebe" anschafft, so bildet sie „stille Rücklagen", „stille Reserven". Sie unterbewertet ihre Anlagen. Die Bildung stiller Rücklagen ist für jedes Unternehmen wünschenswert.

5. Instandhaltung und Abschreibung. Soll man jede Lampenkappe, jedes ausgewechselte Mikrophon, d. h. jede ersetzte Kleinigkeit über Abschreibung verbuchen? Streng genommen: Ja. Denn der Ersatz abgelebter Teile wird durch sie erfaßt. Das ginge so weit, daß fast die ganze „Instandhaltung" in die Abschreibung ginge. Die Steuerbehörden würden das nicht zulassen. Denn Abschreibungen sind steuerfreie Rücklagen und die Steuerbehörden würden gegen große derartige Rücklagen Einspruch erheben. Der Ersatz großer Stücke geht aber über die Abschreibung in die Bücher. Wo ist die Grenze zwischen Instandhaltung und Abschreibung? Verschiedentlich ist schon versucht worden, scharf umrissene Begriffsbestimmungen zu finden. Bendisch (Lit. 8) sagt: „Der Ersatz von Aggregaten ist abzuschreiben." Ein Aggregat ist ein aus mehreren Teilen zusammengesetztes Wertstück. Diese Bestimmung läßt immer noch Zweifel aufkommen. Lubberger versuchte, die Grenze für Fernsprechämter so zu ziehen: „Alle Arbeiten und Materialien, die von anderem als dem Pflegepersonal oder von diesem gegen besondere Bezahlung verbraucht werden, sind abzuschreiben." Für Ämter mag diese Bestimmung ausreichen, aber nicht so für das Netz. Denn eine Baukolonne, die durchaus zum regelrechten Personal gehört, wechselt alte Stangen aus und setzt neue. Die Amerikaner haben diese Schwierigkeiten schon lange empfunden und die Interstate Commerce Commission hat noch keine bindenden Vorschriften erlassen. Der Verband der Unabhängigen Fernsprechgesellschaften ist jetzt (1925) dabei, eine Liste all der Teile aufzustellen, deren Ersatz in die Abschreibung geht (s. Telephony, 17. Oktober 1925). Die Arbeit ist weder abgeschlossen, noch von den Behörden schon genehmigt, daher vorläufig nur als Anregung aufzufassen. Sie lautet im wesentlichen:

Oberirdische Leitungsführung: 1 Querträger, 1 Stange, 1 Abstützstange, 1 Stütze für Abspannseile, 1 A-Stange, 1 H-Stange, 1 Stahlmast.

Luftkabel: 1 Kabelstrang, außer wenn Neukonstruktionen vorkommen, 1 Kabelverteiler, 1 Spulenkasten, 1 Spule.

Oberirdische Drähte: 1,6 km fortlaufender Draht, 1 Spulenkasten und Spulen.

Unterirdische Kabel: 1 Kabelstück zwischen 2 Mannlöchern, 1 Seitenkabel, 1 Mannloch, 1 Kabelzuführung, 1 Verteiler.

Hauszuführungen: 1 Zuführung.

Amtseinrichtungen: 1 ganzer Schrank, 1 Amt, 1 Prüfschrank,
1 Schrank für Dienststellen, 1 Batterie, alle + oder alle – Platten,
1 Motor, 1 Generator, 1 Gasmaschine, 1 Satz Rufstrommaschinen
(außer Polwechsler), 1 Kraftschalttafel, 1 Hauptverteiler, 1 Zwischenverteiler, 1 Relais-, Spulen-, Sicherungsgestell, 1 ganzer
Strang mit Zimmerkabeln; 1 Wähleramt, 1 Wählergestell, 1 Wählerrahmen, 1 ganzer Kontaktsatz, 1 Vorwählergestell, 1 Gruppenwähler, 1 Leitungswähler, 1 Übertrager mit Wähler, 1 Wähler
mit beliebiger Bezeichnung, 1 Verteilergestell, 1 Signalmaschine,
1 Polwechsler.

Andere Amtseinrichtungen: 1 Bett, 1 Bücherschrank, 1 Brot-
knetmaschine, 1 Zahlkasse, 1 Luftfächer.

Teilnehmerstellen: 1 Sprechstelle, 1 Innenverdrahtung, 1 Haus-
zuführung (Luftdraht).

Nebenstellen: 1 Schrank, 1 Verteiler, 1 Kabelstrang, 1 Batterie,
1 Wählergestell usw., wie unter Amtseinrichtungen, 1 Sprechzelle.

Gebäude: 1 Gebäude, 1 Aufzug, 1 Aufzugsmaterial, 1 Heizkessel,
1 Turbine, 1 Feuerlöscheinrichtung, 1 Wasserfilter, 1 Kessel-
speisepumpe.

Große Gesellschaften nehmen als Grenze zwischen Abschreibung
und Instandhaltung den Wert eines Stückes zu Doll. 1000, mittlere Gesellschaften Doll. 300, kleine Gesellschaften Doll. 100.

Die Benutzung einer solchen Liste schafft Klarheit und Einheit-
lichkeit in großen Betrieben, ferner eine leichte und unanfechtbare
Buchhaltung.

Manche Verwaltungen gehen in der Unterscheidung zwischen Instandhaltung, Abschreibung und Neuanlage sehr genau und sehr weit.
Z. B. werden die Kosten der Dienstreise eines Direktors nach diesen
drei Konten unterteilt, wenn der Direktor in allen drei Richtungen
verhandelt hat.

Anderseits hört man oft die Behauptung: Ausgaben seien Ausgaben, man brauche das umständliche Abschreibewesen nicht, man
könne alle Ausgaben über Unkosten ausbuchen. Diese Ansicht ist
falsch. Wenn man nur tatsächliche Ausgaben bucht, so kann man keine
Rücklagen bilden und wird bei selbständigen Unternehmungen bald in
Schwierigkeiten geraten. Ferner vergißt man den Zweck des Abschreibewesens: Die Feststellung des Wertes der Anlagen. Ohne Abschreibungen
kann man nicht kaufmännisch bilanzieren.

6. Eine weitere sehr erhebliche Schwierigkeit bereitet die Preisschwankung der Teile. Wenn ein Handamt im Jahre 1912 gekauft
wurde, so kann man es im Jahre 1928 nicht um den gleichen Preis ersetzen. Ein gleich großes Amt ist z. B. 50 % teurer. Faßt man das Amt
als Werkzeugmaschine auf, so ist diese im Dienste aufgebraucht worden,
nicht das Geld, mit dem es gekauft wurde. Viele Wirtschafter stehen

daher auf dem Standpunkt, daß der Wiederbeschaffungswert für die
Höhe der Abschreibung eingesetzt werden müsse. Diese Ansicht wird
aber bestritten, z. B. auch von der Public Utility Commissions und den
Gerichthöfen, die als Berufungsinstanzen vielfach sich mit solchen Fragen
befassen. Man begründet den Widerspruch mit der Behauptung, daß
die Schätzung der Preise in ziemlich ferner Zukunft unmöglich sei.
Da die Festsetzung eines angemessenen Wertes die Grundlage für die
Tarife bildet, würde ein zu hoch geschätzter zukünftiger Preis zu hohe
Tarife ergeben. Das Verfahren ist nun folgendes: Es werden stets drei
Zahlen vorgelegt: Der tatsächliche Beschaffungswert (einschl. Baukosten), die Abschreibungen und ein Neubeschaffungswert zur Zeit des
Prozesses. Aus diesen drei Zahlen setzt das Gericht den „angemessenen Wert" des Streitgegenstandes fest. Sehr oft findet man die Be-
merkung, daß eine Neubewertung nach Ablauf einiger Jahre notwendig
sein dürfte.

Wie soll man sich die Sache für Länder denken, die eine solche
gesetzliche Regelung nicht kennen ? In dieser Beziehung ist der Bericht
des englischen Tarifausschusses (Lit. 12) 1920 interessant: In einem
Gutachten von Sir William Peat ist vorgeschlagen, bei der Unsicherheit
der Schätzungen von 5 zu 5 Jahren die Abschreibequote den Preisen
anzupassen. Der Ausschuß schlägt (im Jahre 1920) vor, für das Jahr
1920/21 Pfd. Sterl. 2 310 000 abzuschreiben und in jedem der folgenden
Jahre diesen Betrag um Pfd. Sterl. 325 000 zu erhöhen.

Aus diesen Vorgängen lernt man, daß eine starre Festsetzung der
Abschreibequote bei Preissteigerung zu finanziellen Schwierigkeiten, bei
Preisminderungen zu unzulässig hohen Tarifen führen wird.

Die Theorie der Abschreibequote. Man soll jedes Jahr die Werte
in den Büchern um so viel vermindern, daß beim Ableben eines Vermögensstückes sein Wert aus den Büchern verschwunden ist. Nun ist
das Leben außer durch Abnutzung durch mehrere andere Ursachen gefährdet, die sich fast nicht schätzen lassen. Da hilft nur die Erfahrung. Aus jahrelanger Erfahrung haben sich Mittelwerte, die sog.
„wirtschaftlichen Lebensdauern" ergeben, deren Beachtung voraussichtlich Schwierigkeiten verhütet. Die ausführlichste Tabelle hat Bendisch
zusammengestellt (Lit. 8). Mit der freundlichen Erlaubnis dieses Ver-
fassers sei die Tabelle hier abgedruckt.

Man sieht also noch recht große Unterschiede. Sie sind aber keine
Eigenart des Fernsprechbetriebes, sondern sind überall vorkommende
kaufmännische Wagnisse.

Aus folgenden Quellen waren Angaben über Abschreibequoten zu
erlangen:

  1. Northwestern Bell Telephone Co.
  2. Schätzungen des städtischen Untersuchungsausschusses in
     Chicago Telephony Juni 1907.

3. Schätzungen des Untersuchungsausschusses der Chicago Telephone Co.
4. Edmund Land, technischer Direktor der Michigan Telephone Co. 1908.
5. Gemeente Telephon Haag, Jahresbericht 1922.
6. Konzessionsreglement für holländische Konzessionen, 15. Juni 1921.
7. Reglement für das Rechnungswesen der Kopenhagener Telefon A.-G. sowie deren Staatsaufsicht.
8. Die vom Verfasser (Bendisch) errechneten Werte.
9. Preispolitik nnd Erneuerungsrücklagen von Simon, Feldkirch, 1. April 1919.

a) Die **gleichbleibende Quote.** Nimmt man 20 Jahre als wirtschaftliche Lebensdauer eines Vermögensstückes an, so setzt man jährlich 5 % des Neuwertes in die Abschreibung. Nach 20 Jahren beläuft sich die Abschreibung dann auf 100 %. Dieses Verfahren scheint sehr einfach zu sein, führt aber zu gewissen Schwierigkeiten. Die Abschreibung ist eine Buchung. Man ersetzt durch das so einbehaltene Geld gegebenenfalls schadhafte Teile (z. B. ein neues Dach auf einem Lagerschuppen). Dieser Teil der Abschreibung vermehrt die Werbekraft der Anlage nicht. Sehr oft aber beschafft man artungleiche Teile wie z. B. ein neues Kabel und vermehrt somit die Werbekraft, indem neue Einnahmequellen erschlossen werden. In anderen Worten, die Ersatzteile bringen Zinseszinsen. Denkt man sich alle Abschreibungen in neue Anlageteile umgesetzt, so würde die Summe beim Ableben des Anlageteiles durch Zinseszins weit über den Anschaffungswert angewachsen sein.

H. Kastendieck (Die Wertänderungen durch Abschreibung, Tilgung und Zinseszinsen; Verlag Springer, Berlin) faßt die gleichbleibende Quote als eine Zusammensetzung einer jährlich sich vermindernden Quote und so hohen Zinseszinsen aller Quoten auf, daß eben die gleichbleibende Quote herauskommt.

b) Die **Quote mit Zinseszinsen.** Man geht von der Auffassung aus, daß alle Abschreibungen in Neuwerte umgesetzt werden, die den Werbewert erhöhen. Man nimmt einen Zinsfuß an, der etwa dem mündelsicherer Wertpapiere entspricht. Die jährliche Quote berechnet sich dann nach der Zinseszinsrechnung so, daß am Ende der Lebensdauer des Anlageteiles der Anschaffungswert erreicht wird. Die Frage lautet: Welche Summe q muß jedes Jahr auf p% Zinseszins angelegt werden, wenn der Betrag in n Jahren auf 1 anwachsen soll?

$$q = \frac{p}{(1 + p)^{n-1} - 1}$$

z. B. $p = 5\% = 0{,}05$, $n = 20$, $q = \dfrac{0{,}05}{1{,}05^{19} - 1} = \dfrac{0{,}05}{1{,}65} = 0{,}03$, also $q = 3\%$.

Die wirtschaftliche Lebensdauer (siehe Bendisch, Lit. 8 b).

Aggregate	1 Lebensdauer Jahre	1 Quote %	2 Lebensdauer Jahre	2 Quote %	3 Lebensdauer Jahre	3 Quote %	4 Lebensdauer Jahre	4 Quote %	5 Lebensdauer Jahre	5 Quote %	6 Lebensdauer Jahre	6 Quote %	7 Lebensdauer Jahre	7 Quote %	8 Lebensdauer Jahre	8 Quote %	9 Lebensdauer Jahre	9 Quote %
Wegerechte für Ortsverkehr	18	5,5	—		—	1,5										ganz verschied.		
Gebäude	30	2	40	3,33	33			2		2	Stein Holz	2 8		0,2	50	1		
Hand-Amtseinrichtungen für Verbindungen	13	6,8	8	13,25	7	6		2		10		10		4,5	15	7		
Zusätzliche Amtseinrichtungen	10	10										10						
Teilnehmerapparate	5	6	8	13,25	10	5				7				2,1	20	5		
Nebenstellenschränke	—	—	8	15,25	7,5	10								4,5	15	5		
Hausanschlüsse	7,5	7,7						8							15	4,2		
Sprechzellen und besondere Zusatzapparate	10	5						8										
Stangen im Ortsgebiet	15	8,1	10	10,73	10	5		8		10		6 10		4,5	20	3,5	12,5	8
Luftkabel im Ortsgebiet	14	5,6	10	8,73	8,5										20	4,5		
Freileitungen im Ortsgebiet Cu	13	11,9	15	5,38	15					10		4		2,1	25	2	66	1,5
Freileitungen im Ortsgebiet Fe															15	6,7		
Hauptkanäle im Ortsgebiet	60	1,7	50	2,39	33			2						0,2				
Nebenkanäle im Ortsgebiet	25	4	20	5,72		2												
Haupterd- und Röhrenkabel im Ortsgebiet	20	2,8	20	5,72	16,5	2		4		5		4		0,5	30	3	50	2
Nebenerd- und Röhrenkabel im Ortsgebiet	12	7,2	15	7,38	12	5				10		10		3				

	(1)	(2)	(3)	(4)	(5)	(6)	(7)	(8)	(9)	(10)	(11)	(12)	(13)
Bureaueinrichtungen	12	7,1					20		3	15	6,7		
Werkstätten	8	10							0,5	10	10		
Lager	5	16											
Ställe und Garagen (Fuhrpark)												5	20
Werkzeuge	2,5	20	4	23	4					4	25	10	10
Hauptfiberkanäle			20	5,22	14	10							
Trägerdrahtseile			12	7,05	12,5	2,5							
Aufteilungskasten			12	7,05	12,5	8							
Heizung						10				16	6,3		
Licht- und Kraftleitungen							6						
Kessel							12,5			20	5		
Heizkörper							4			10	10		
Innenleitungen							25		4,5	10	10		
Wählerämter							8						
Maschinen							10						
Batterien							12,5						
Möbel							7						
Seekabel								10					
Arbeitslöhne, Kosten für Schalter, Versicherg. usw.								10					
Garnituren (Verteiler, Muffen)										20	5		
Wegerechte im Fernverkehr	40	2,5								25	4		
Stangen, Fernbetrieb	18	9,4											
Fernluftkabel	16	4,9											
Fernluftleitung Cu	30	6,4											
„ Fe	17	11,4											
Fernröhrenkanäle, Haupt-	60	1,7											
Fernröhrenkanäle, Neben-	25	4											
Fernrohr- und Röhrenkabel	25	4											

Man begehe aber nicht den Fehler, jedes Jahr nur 3% des Anlagewertes abzuschreiben. Man muß 3% **und** die Zinseszinsen aller vorhergehenden Abschreibungen **zusammen** abschreiben.

Die Praxis der Abschreibungen. Beide Abschreibeverfahren (gleichbleibende und verzinste Quote) sind einfach zu handhaben, wenn es sich um wenige Anlageteile handelt. Nun besteht eine Fernsprechanlage aber aus sehr vielen Teilen mit sehr verschiedenen Lebensdauern und sehr verschiedenem Alter. Die genaue Erfassung streng richtiger Abschreibungen würde einen großen Buchhalterapparat bedeuten. Die Kosten wären nicht gerechtfertigt. Man bildet einen Mittelwert, so daß man mit einer einzigen Zahl auskommt. Als in Amerika im Jahre 1920 die Quotenfrage zwischen den Betriebsgesellschaften und der Interstate Commerce Commission höchste Bedeutung erlangte, bat die Commission den Verband der Unabhängigen Gesellschaften um ein Gutachten. Dieses Gutachten (Telephony, Lit. 9) legte die Grundsätze dar, die in den obigen Erläuterungen verwertet sind und kommt zum Schlusse, daß nur die gleichbleibende Quote praktisch anwendbar sei. Das Gutachten bezeichnet als Grenzen der Quote 4% bis 8% der Summe der Anschaffungswerte. 4% sei eine sehr niedrige Abschreibung, 8% sei reichlich. McKay (Lit. 11) führt zahlreiche Gerichtsentscheidungen an, die folgende gleichbleibende Quoten zuließen (in Prozent der Anschaffungswerte 8; 6,77; 5,5; 7; 6; 8; 5,5; 5; 4; 8; 7,5; 6; 7,3; 8 usw. Letzten Endes stellt sich das Abschreibewesen als eine geschäftliche Maßnahme dar, durch die zukünftige finanzielle Schwierigkeiten verhütet werden und die von Zeit zu Zeit den sich ändernden Umständen anzupassen sind.

Man könnte nun der Meinung sein, daß durch diese praktische Vereinfachung die Beschäftigung mit der Theorie des Abschreibewesens zur Zeitvergeudung geworden sei. Das ist ein schwerer Irrtum. Der folgerichtige Aufbau lehrt die Beurteilung der Abschreibefragen für Neuheiten, z. B. Wähler- gegen Handbetrieb; Verstärker in Fernleitungen; Hochfrequenz-Mehrfachgespräche. Wir wollen uns zur Frage Wähler- gegen Handbetrieb wenden.

Vergleich der Abschreibungen bei Wähler- und Handbetrieb. Abnutzung. Der empfindliche Teil im Handamt ist das Vielfachfeld. Die Klinken von Vielsprechern werden schneller ausgeleiert, als die der nebenan liegenden Wenigsprecher. Ein Streifen muß ausgewechselt werden, wenn auch nur eine Klinke unbrauchbar geworden ist. Die Beanspruchung der Klinken ist groß und trotz besten Willens des Personals oft unsachgemäß, namentlich während der Verkehrsspitzen. Wenn oft im Vielfachfeld gearbeitet wird, so brechen beim Auswechseln eines Streifens so und soviele Lötungen an Nachbarklinken. In gut gebauten Wählern ist die Beanspruchung der Vielfachkontakte gleich-

mäßig und stets sachgemäß. Wähler müssen so gebaut sein, daß aus-
zuwechselnde Teile leicht zugänglich und billig ersetzbar sind (Lit. 2).
Klinken im Handschrank sind kaum zugänglich, daher sind Abweichungen vom Regelzustand erst zu bemerken, wenn sie sich zu Störungen
ausgewachsen haben. Gut gebaute Wähler machen solche Abweichungen
offen sichtbar, so daß der Pfleger mit geringen Kosten vorbeugend eingreifen kann. Ein wirtschaftlich denkender Konstrukteur wendet die
Lehre der Abschreibung aus Abnutzung auf jeden Teil seiner Wähler
an und begeht nicht den Fehler, des „guten" Aussehens wegen ab-
nutzende Teile hinter Platten zu verstecken. Dieser scharfe Satz sei
ausdrücklich betont. Es ist richtig, daß die Abschreibefragen wirtschaftliche Einflüsse auf lange Sicht bedeuten. Das Urteilen auf gutes
Aussehen hin wird daher zunächst keinen Schaden stiften, sich aber
nach 20 oder mehr Jahren bitter rächen.

Veralten. Das ist eine rein wirtschaftliche Frage. Zeitweise sind
die Gehälter und Löhne so gestiegen, daß der Handbetrieb wirtschaftlich unmöglich wurde. Anderseits wenn die Zinsen hoch sind, so klettert
die Verzinsung für Wählerbetriebe hoch. Wenn die Gehälter und Löhne
fallen, Zinsen steigen sollten, werden Wählerbetriebe „veralten". Wir
sehen, daß diese rein wirtschaftlichen Fragen allergrößte Bedeutung
haben.

Ist ein technisches Veralten von Wähleranlagen zu erwarten, etwa
hinsichtlich der amerikanischen Hochleistungsschränke (S. 59)? Die
Leistung an einem Platze steigt, damit aber auch die Abnutzung, daher
wird man Hochleistungsschränke stärker abschreiben müssen. Wieviel?
Wir wollen das Fragespiel nicht weiter treiben.

Um in der Richtung der Möglichkeit des Veraltens von Wählern
klar zu sehen, wollen wir diese Frage grundsätzlich prüfen. Geometrisch
ist die Aufgabe gestellt, in einem Wähler einen Punkt (Bürste) auf
einen anderen Punkt (Lamelle) einzustellen. Bewegungen können bekanntlich in drei Koordinatenrichtungen ausgeführt werden. Es sind
Wähler mit geradlinigen Bewegungen in einer, in zwei und drei Richtungen bekannt geworden, auch Wähler mit geraden und krummlinigen
Bewegungen und solche (Relaissysteme) mit festgelegten Kreuzpunkten.
Was kann man geometrisch noch erwarten? Wohl nichts grundsätzlich
Neues. Die mechanische Ausführung strebt neuerdings nach kleineren
Abmessungen. Oftmals geschieht dies ohne Rücksicht auf die mit kräf-
tigeren Wählern erreichbare Lebensdauer von etwa 25 bis 30 Jahren
und ohne Rücksicht auf die wirtschaftliche Pflege. Ein Wähler, der
nur halb soviel Raum beansprucht und ebenso lebenskräftig ist, wie
ältere Wähler, würde zweifellos in Ämtern mit Platzmangel die Aus-
wechselung wünschenswert machen. Der Umbau ist eine Entwertung,
aber keine Vernichtung der alten Wähler, weil man sie in weniger
wertvollen Gebäuden wieder aufstellen wird.

Weder geometrisch noch mechanisch sind Neuerungen zu erwarten, die die heutigen Wähler gefährlich schnell veralten lassen würden.

Die Schaltungstechnik birgt noch weniger Gefahren für ein unvorhergesehenes Ableben einer ganzen Wähleranlage.

In älteren amerikanischen Wählerämtern hat man den OB-Betrieb durch ZB ersetzt, indem man neue Relaissätze einfügte. In München hat man ein System mit Steuerschaltern durch Relaisschaltungen ersetzt. In amerikanischen Ämtern, die ursprünglich (1903) ohne Vorwähler gebaut waren, hat man (1908) Vorwähler nachgeliefert, und die überzähligen Gruppenwähler wurden zu Erweiterungen benutzt.

Diese Umbauten verursachten natürlich Kosten. Es soll nur gesagt sein, daß schaltungstechnisch eine Furcht vor dem Veralten ganzer Anlagen nicht berechtigt ist.

Gruppentechnisch sind alle guten Wählersysteme grundsätzlich vor dem Veralten geschützt, da ja gerade die Anpassung an Verkehrsveränderungen mit Umschaltungen in Zwischenverteilern ausführbar sind.

Beim Handbetrieb sind die Gefahren des Veraltens größer. Der wichtigste Posten (Gehälter der Beamtinnen) ist sehr unsicher. Wie hoch werden sie in 10 bis 15 Jahren sein? Auch technisch sind die Gefahren des Veraltens der Handbetriebe größer. Ein Beispiel: Man wolle in Deutschland Gesellschaftsleitungen einführen. Weil jede verbindende Beamtin alle Anschlüsse erreichen soll, müßte man alle Plätze umbauen. Im Wählerbetrieb ist ein Umbau der bestehenden Anlagen für Systeme mit direktem Wählerantrieb nicht nötig. In Systemen mit Speicherung muß man allerdings alle Speicher ändern. Die neue Betriebsweise wird als neue Gruppe angefügt. Ein anderes Beispiel: Die Sonntagsarbeit werde für Frauen untersagt. Das wäre für den Handbetrieb vernichtend, für den Wählerbetrieb gleichgültig. Im Wesen des Handbetriebes liegt ein großes Stück sozialer Fragen, im Wählerbetrieb nicht. Der Handbetrieb hat (im Vielfachfeld) Zusammenhänge über große Anlageteile, der Wählerbetrieb mit seiner weitgetriebenen Gruppenteilung nicht, so daß technische Änderungen im Wählerbetrieb meist nur kleinere Gruppen betreffen.

Der Unterschied der Unzulänglichkeit (als wirtschaftliche Gefahr) zwischen Hand- und Wählerbetrieb ist noch schärfer. Wiederum ist es die Unterteilung in kleine, in Reihe geschalteten Einzelapparate, die den Unterschied bedingt. Man kann kleine Gruppen hin- und herschieben, kann ohne nennenswerte Erhöhung der Betriebskosten eine Anlage in den Schwerpunkten der neuen Entwicklung erweitern, ohne die alte Anlage gänzlich umzubauen (im Gegensatz zum Handbetrieb: B-Verkehr zum bisherigen A-Verkehr). Eine „Unzulänglichkeit" für Wählerbetrieb ist nicht zu erwarten.

Unglücksfälle sind für Anlagen mit weitgreifenden Zusammenhängen (Vielfachfelder im Handbetrieb) mehr zu fürchten, als in stark unterteilten kleinen Gruppen. Feuer- und Erdbebengefahren bedingen bei Handbetrieb ein früheres Versagen des Betriebes wegen der Gefahr für das Personal, als bei Wählerbetrieb, der vorübergehend ohne Personal arbeitet, also auch in etwa halbzerstörten Gebäuden weiter geht. Ein Gebührenausfall aus diesen Gründen ist daher bei Wählerbetrieb weniger zu fürchten als bei Handbetrieb. Das gleiche gilt für Streik- und politische Unruhen. Die für solche Schäden vorzusehenden Rücklagen können für Wählerbetriebe kleiner gemacht sein. Letzten Endes sind ja solche Rücklagen „Abschreibungen" im weiteren Sinne, d. h. Deckungen für zukünftige Verluste.

Zusammenfassend ist man also berechtigt, nach genauer Durchsicht aller Fragen des Abschreibewesens für Wählerbetriebe kleinere wirtschaftliche Gefahren anzunehmen als für Handbetriebe und daher für sie die Abschreibequote wesentlich kleiner anzusetzen.

In **Rentabilitäts**rechnungen beim Vergleich verschiedener Systeme spielt die Abschreibequote eine große Rolle. Eine falsche Abschreibequote macht einen wahren Vergleich unmöglich. Die gleichbleibende Quote ist für solche Vergleiche unzulässig. Nimmt man an, daß die Abschreibequoten Zinsen bringen, sei es im eigenen Betriebe oder anderswo, so müßte man diese Zinsen in der Berechnung der laufenden Kosten abziehen, denn sie sind ein Einkommen. Das geschieht nie. Deshalb ist in Rentabilitätsrechnungen nur die verzinste Quote gerecht, z. B. Lebensdauer eines Wähleramtes 25 Jahre, Zinsfuß 5%, Quote 2,25%. Hier muß man einem gefährlichen Mißverständnis vorbeugen. Man darf in der Wirklichkeit nicht etwa in jedem Jahre nur 2,25% des Anlagewertes von den Einnahmen für Abschreibzwecke wegnehmen, sondern 2,25% des Anlagewertes + Zinseszinsen aller vorhergehenden Quoten. Diese Zinseszinsen belasten aber nicht etwa die Erträge der ersten Anlage, sondern sie stammen aus den Erträgen der für die Quoten beschafften neuen Teile bzw. aus den Sparguthaben. In der Rentabilitätsrechnung erscheinen diese Zinseszinsen also nicht. Denn diese finanziellen Vorgänge sind ja mit den Dingen verknüpft, die man sich für die Abschreibequoten angeschafft hat, nicht mit dem abzuschreibenden Gegenstand.

Der allgemeine Zinsfuß mag höher als 5% sein. Meistens setzt man in Rentabilitätsrechnungen 5% ein. Ein höherer Zinsfuß würde zwar die Abschreibquote kleiner machen (z. B. 25 Jahre Lebensdauer, 6½% Zinsfuß, Quote 1,68%). Man darf aber nicht vergessen, daß in der Wirklichkeit ein Teil der Abschreibungen in nicht werbende Anlageteile geht (neues Dach auf dem Lagerschuppen), also keine Zinsen bringt. Daher soll man nicht mit einem hohen Zinsfuß für die Zinseszinsen rechnen, obwohl dadurch die Abschreibequoten erniedrigt werden.

Zinsen und Ertrag. Zinsen für aufgenommene Gelder und ein Ertrag (Gewinn, Dividende) muß von jedem kaufmännisch geleiteten Unternehmen herausgewirtschaftet werden. In hohem Maße hängt der „Ruf der Firma" (good will) von diesem Ertrage ab. Ohne Ertrag kein Kredit. Die Höhe der Zinsen kann nicht durch eine willkürliche Zahl angegeben werden. In den bei Planungen und wirtschaftlichen Rechnungen anzu- nehmenden „Zinsen" muß aber irgendeine Zahl angenommen werden. Man nimmt den Zinsfuß gleich dem mündelsicherer Papiere an und im allgemeinen setzt man dafür 5% an.

„Zinsen" im eigentlichen Sinne sind nur für das Fremdkapital aufzubringen, für eigenes Kapital erwartet man einen „Ertrag". Zunächst müssen wir auch das „eigene Kapital" noch unterteilen. In Unterneh- mungen (Aktiengesellschaften) steckt zunächst Fremdkapital. Oft findet man dann Anlageerweiterungen, die mit Ertragsüberschüssen angeschafft wurden. In der amerikanischen Wirtschaftsgeschichte findet man nun die Auffassung, daß für Anlagewerte, die aus Erträgen erstanden sind, weder Zinsen noch Erträge berechtigt seien. Dieser Ansicht stehen aber die Gerichtsentscheidungen entgegen. Ganz besonders lehrreich ist der Ausgang des jahrelangen Kampfes der Michigan Bell Telephone Co., der am 7. Januar 1926 nach vielen Zwischenfällen zu einem ersten Ur- teil führte (Telephony, 16. Januar 1926). Ende Januar 1921 war der Beschaffungswert Doll. 47 500 000 und das Abschreibekonto zeigte Doll. 9 500 000. Ein Urteil einer Utility Commission legte die Tarife so fest, daß der Gewinn sich zu 7% von Doll. 38 000 000 ergeben sollte. Das oberste Gericht entschied aber:

„Der angemessene Wert der Anlage ist Doll. 47 500 000. Die U.-Commission irrte sich, wenn sie die Abschreibungen abzog und nur den Rest als Wertunterlage für die Tarifbildung annahm. . . . . Die Gesellschaft hat das Recht, die Tarife so zu gestalten, daß ein Ertrag (return) auf die wieder in den Betrieb gesteckten Abschrei- bungen erzielt wird. . . . ."

Die nächste Frage ist die Höhe eines „angemessenen Gewinnes". Ein rein privates Unternehmen wird naturgemäß versuchen, soviel Ge- winn als möglich zu erzielen. Aber Unternehmungen, die durch staat- liche oder städtische Vorschriften Monopole sind, die also nicht durch eine Konkurrenz geregelt werden, dürfen nicht beliebig hohe Gewinne herauswirtschaften. Wiederum ist die amerikanische Praxis am klar- sten. Der Streit dreht sich meistens um einen Gewinn von 7% bis 8% vom „angemessenen Wert der Anlage".

Für die überschlägigen Rechnungen, auf die es uns hier ankommt, wollen wir festhalten: Wir setzen in die jährlichen Kosten einen Posten von 5% des Anlagewertes ein, den wir durch wiederverwendete Ab- schreibungen als dauernd erhalten annehmen. Diese 5% nennen wir „Zinsen" oder „Ertrag". Wir behalten uns vor, statt der 5% auch 8% einzusetzen für den Teil des Kapitals, der eine Dividende erwartet. Ein ertragloses Kapital soll nie angenommen werden.

VIII. Die Wirtschaftlichkeit des Fernverkehrs.

Für den Verkehr von Ort zu Ort findet man die Bezeichnungen: Fern-, Schnell-, beschleunigter-, Vorort-, Nahverkehr. Man unterscheidet ferner den Melde- (oder Warte-) Betrieb und den Sofortbetrieb. Beim Meldebetrieb wird das Ferngespräch angemeldet (Zettel) und später hergestellt. Beim Sofortbetrieb wartet der Besteller mit dem Hörer am Ohr auf die Herstellung der Verbindung. In den Vereinigten Staaten N.-A. erfaßt der CLR (Combined Line Recording)-Betrieb-(Schnellverkehr) 92% aller Fernverbindungen. In Deutschland ist der Sofortverkehr auf etwa 150 km Entfernung beschränkt, ausgenommen Bayern, wo der Teilnehmer - Selbstwähl - Weitverkehr noch weiter reicht. In der Schweiz und in Holland werden die Beamtinnen über das ganze Land wählen. In Schweden gehört der Verkehr von Ort zu Ort bis zu 50 km zum regelrechten Ortsverkehr ohne besondere Zahlungen.

Eine allgemein gültige Abgrenzung der genannten Bezeichnungen ist also nicht möglich. Immerhin kann man ungefähr so sagen: Der Ortsverkehr erstreckt sich auf Gebiete, in denen die Länge der Leitungen nicht als Tarifgrundlage dient. Der Netzgruppenverkehr erstreckt sich über Gebiete, in denen besonders starke Beziehungen der Ortschaften untereinander bestehen: wie zwischen Landorten und der Stadt im Mittelpunkt oder zwischen nahe gelegenen Großstädten eines Industriebezirkes (Essen, Dortmund, Oberhausen, Bochum, Wuppertal usw.). Zeit und Zone ergeben die Tarifgrundlage. Bei vollautomatischem Betrieb sagt man SA-Netzgruppen, bei halbautomatischer Vermittlung nennt man die Anlagen: »Schnellverkehrsanlagen«. Der Fernverkehr ist der Verkehr von Ort zu Ort über den Netzgruppenverkehr hinaus.

In den letzten Jahren haben zwei technische Grundlagen begonnen, die Netzgestaltung und die Betriebsweisen des Fernverkehrs so stark zu beeinflussen, daß man die Umgestaltung der bestehenden Fernnetze einleitet: Die Verstärker, die das Welt-Fernsprechen ermöglichen und die Fernwahl. Daß in Städten und Netzgruppen die strahlenförmige Netzgestaltung wirtschaftlicher ist als die maschenförmige, braucht nicht mehr nachgewiesen zu werden. Im Fernverkehr mit Handbetrieb war aber bisher das maschenförmige Netz grundlegend, weil Fernverbindungen über möglichst wenige handbediente Schaltstellen geführt werden mußten. Daraus folgen die vielen kleinen Bündel mit ihrer schlechten Ausnutzung. Die Fernwahl (Tonfrequenzwahl) gestattet aber eine Vielzahl von Schaltstellen in Reihe. In Deutschland stellt man das Weitverkehrsnetz um auf: 15 »Durchgangs«-Fernämter, daran angezweigt etwa 55 »Verteiler«-Fernämter und im ganzen

650 End-Fernämter. Alle anderen Ortschaften haben keine Fernämter, sondern werden im Überweisungsverkehr von den Endfernämtern bedient (Technik siehe: F. Weishaupt, Telegr.- und Fernsprechtechnik, 1932). In den Vereinigten Staaten N.-A. strebt die ATTCo. 8 Durchgangsfernämter (regional centers), etwa 150 Verteilerämter (primary outlets) und 2500 Endfernämter (toll centers) für den Weitverkehr an (H.S. Osborne, Vortrag Juni 1930).

Das Ziel dieser neuen Gestaltung ist am klarsten erläutert in: Dr. H. F. Mayer, »Grundzüge des allgemeinen Fernleitungsplanes« (Europ. Fernsprechdienst, 1932, Heft 30). Er unterteilt das Fernnetz in 5 »Ebenen«: Netzgruppe (35 km Halbmesser), Endfernnetz (140 km), Verteilernetz (700 km). Durchgangsfernnetz 3500 km), Weltnetz.

Dem Streben nach Ausweitung des Sofortverkehrs (Schnell-, beschleunigter, CLR-Betrieb) hält man oft entgegen, daß die Zahl der Fernleitungen unwirtschaftlich vergrößert werden müßte. Aber M. Langer (Fernwahl und Sofortverkehr, Europ. Fernsprechdienst, 1933, Heft 31) weist nach, daß die Zusammenfassung der vielen kleinen Bündel in den wichtigsten Kabeln zu großen Bündeln die Leistung so steigert, daß der Sofortverkehr wirtschaftlich durchgeführt werden kann. Daß das Ziel nicht sofort erreicht werden kann, ist selbstverständlich. Kölsch (Jahrbuch für Post und Telegraphie, 1930/31, S. 172) beschreibt die allmähliche Umgestaltung.

Alle genannten Arbeiten besprechen auch die vom CCIF aufgestellten »Empfehlungen« bezüglich der »Übertragung« der Sprache. Die Zeitschrift Europäischer Fernsprechdienst berichtet fortlaufend über diese neuen Bestrebungen.

Wirtschaftliche Zahlen über Fernverkehr. Es ist unmöglich, zur Zeit (1933) getrennte Wirtschaftszahlen für Hand- und Fernwahldienst anzugeben. Es folgen deshalb nur einige Angaben, um die Größenordnung zu zeigen. Deutschland: Dr. Wittiber (Gegenwartsfragen ... Band 43, Post und Telegraphie in Wissenschaft und Praxis, 1932, Verlag von Decker, Berlin) gibt die Anlagekosten (siehe nebenstehende Abb. 20) zu 619,8 Mill. RM. an; ferner zeigt er die durchschnittlichen Selbstkosten für ein Ferngespräch, abhängig von den Entfernungen für den

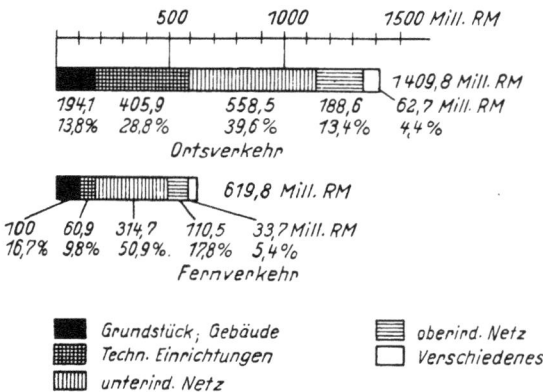

Abb. 20. Anlagekosten für alle Orts- und Fernbetriebs-
anlagen in Deutschland.

Zustand der Anlagen im Jahre 1931. Für die Ver. Staaten N.-A. muß man zwei Zahlen aufsuchen. Der Wert der Weit-Fernsprechanlagen der Am. Tel. & Tel. Co. Ende 1932 ist rd. 455,— Mill. $. Die Jahreseinnahmen sind 90,— Mill. $. Die laufenden Kosten 82,— Mill. $. Der Wert der Anlagen der (Orts-)Bell-Gesellschaften ist für ihren Anteil an

innerstaatlichem Verkehr 3,62%
zwischenstaatlichem Verkehr . . . 2,54%
6,16%

des Anlagewertes der Bell-Gesellschaften mit 4200,— Mill. $ (Telephony, 13. XII. 1930, S. 17), also 260,— Mill. $. Die laufenden Kosten werden nicht mitgeteilt.

Beachte ferner die während der Drucklegung dieses Buches noch erscheinende Aufsatzreihe: A. Čapek: Sofort- und CLR-Verfahren in ETZ. 1933, Heft 24 und folgende.

IX. Die Wirtschaftlichkeit der Netzgruppenanlagen.

Die grundlegende Arbeit: Dr. W. Schreiber, »Die Wirtschaftlichkeit des ... Netzgruppensystems ...«, 1926, Verlag R. Oldenbourg, München, ist durch keine Veröffentlichungen seither wesentlich erweitert worden. Zwar ist sie kritisch angegriffen worden (Stoeckel, TFT, 1927, S. 169, 287, 294). Aber der Erfolg solcher Anlagen zeigt sich darin, daß eine ganze Reihe von Ländern zu dieser Technik übergegangen ist, und daß auch solche Anlagen mit anderen als Schrittschaltwählern gebaut werden. Dr. Schreiber führte auch Münzkassierer für Zeitzonenzählung ein (SKÖN Z. f. FMT, 1931). Dr. Schreiber fügt auch die Sp-Stellen (Sprechstellen in den kleinsten Postagenturen) in die Netzgruppen ein (Z. f. FMT, 1933).

Diese so behandelten Netzgruppen sind vollselbsttätig mit selbsttätiger Zeitzonenzählung. Für Gegenden mit sehr schwacher Entwicklung (1...2 Hauptanschlüsse/km² und weniger) werden diese vollselbsttätigen Netzgruppen unwirtschaftlich.

OB (Ortsbatterie) Landzentralen gestalten aber auch diese schwach belasteten Anlagen wirtschaftlich, d. h. so, daß ein 24-Stundendienst zu Tarifen möglich ist, die von den Wenigsprechern auf dem Lande bezahlt werden können. Die Netzgestaltung erhält die wirtschaftlich zweckmäßigste Strahlenform. Man errichtet kleinste Wählerämter (10 Anschlüsse) »weit draußen«, sammelt den Verkehr in Haupt- und Hilfsknotenämtern und führt ihn einem Hauptamt zu. Die Amtsleitungen sind hochwertig für Fernwahl zu bauen. Die Teilnehmerleitungen bleiben die bestehenden einfach- oder doppeladrigen Leitungen. Die Teilnehmerstellen mit OB-Speisung und Induktor werden beibe-

7*

halten. Der Betrieb ist halbautomatisch. Wenn ein Teilnehmer kurbelt, so wird der Anruf an halbautomatisch bediente Plätze im Hauptamt weitergegeben. Die Beamtin daselbst stellt die Verbindungen gegebenenfalls durch Fernwahl her. Verrechnung mit Zettel.

Über die Wirtschaftlichkeit solcher OB-Landzentralen liegen noch keine Zahlen vor. Die OB-Landzentralen sichern ein billigstes Teilnehmernetz. Die Sprechstellen brauchen nicht neu beschafft zu werden. Die Amtseinrichtungen sind billig und sehr klein, so daß keine Gebäudekosten entstehen; das Verbindungsnetz ist wirtschaftlich ausgenutzt. Die Pflege der nur teuer zugänglichen Teilnehmerleitungen ist billig, da ja OB-Leitungen wenig Ansprüche an die Instandhaltung stellen. Die OB-Landzentralen sind in Europa und Nordafrika weit verbreitet. Auch in den Ver. Staaten N.-A. beginnen sie bekannt zu werden. Man sennt sie SAMX (semi automatic magneto exchange).

In einem großen Bezirk ist es zweckmäßig, vollautomatische und OB-Landzentralen über das gleiche Verbindungsnetz zusammen arbeiten zu lassen. Solche Anlagen sind in Frankreich im Betrieb.

X. Die Wirtschaftlichkeit der Nebenstellen-Anlagen (Na).

Der Stand der Technik (1933) wird durch die folgende Gegenüberstellung beleuchtet: In Deutschland strebt die Technik darnach, die Hauptstelle mit Handbedienung möglichst zu entlasten. Am weitesten gehen die SANA (Selbst-Anschluß-Nebenstellen-Anlagen, siehe Dr. Hebel »Werkzentralen« in Buch »Selbstanschlußtechnik 1928, Verlag Oldenbourg und Z. f. FMT, 1926, Hefte 10, 11, 12). In diesen Anlagen wickelt sich der ganze Verkehr vollselbsttätig ab. Nur wenn ein Anruf beim Eintreffen in die Sana stehen bleibt, wird nach einigen Sekunden eine Beamtin angeschaltet. Nicht ganz so weit gehen die Nebenstellenanlagen mit Wählerbetrieb und einer Hauptstelle zum Abfragen der ankommenden Amtsverbindungen. Man unterscheidet bevorzugte (können sich auf bestehende Gespräche aufschalten), vollberechtigte (können selbst abgehende Amtsverbindungen herstellen), halbberechtigte (können abgehende Amtsverbindungen nur von der Hauptstelle herstellen lassen) und Hausstellen (keine Amtsberechtigung). Die Leistungen einer neuen Na sind: Hausverbindungen, abgehende Amtsverbindungen, Rückfragen während der Amtsverbindungen im Haus oder über eine andere Amtsleitung, Hin- und Herwechsel von Amtsleitung zur Rückfrage, Umlegen einer Amtsverbindung auf eine andere Nebenstelle, Empfang einer zweiten Amtsverbindung (z. B. Ferngespräch), während die erste Amtsverbindung »wartet«, die zweite ankommende Amtsverbindung wartet auf das Freiwerden der Nebenstelle, Zeichen zur Hauptstelle, um irgendwelche Aufträge zu erteilen, »Querverbindungen« zu anderen Na des gleichen Besitzers, keine Verbindungen zu Amtsstellen (Fernanmeldung, Schnellverkehrsamt), die der Nebenstelle nicht bekannte Angaben verlangen. Nachts ist die Hauptstelle nicht bedient, eine »Nachtstelle« (Pförtner, Wache) übernimmt deren Aufgaben. Die Hauptstelle verbindet nur die ankommenden Amtsverbindungen mit den Nebenstellen und meldet Fern- und Schnellverkehrs-Gespräche an.

Die neuesten Na der Ver. Staaten haben Wähleranlagen für den Hausverkehr und abgehenden Amtsverkehr. Alle anderen Vorgänge werden von der Hauptstelle eingeleitet, die also auch nachts bedient sein muß; oder man muß nachts auf die Bequemlichkeiten verzichten.

Die deutsche Technik ist eine Folge der Freigabe der Entwicklung (im Jahre 1900) und des regen Verkehrs der »Kunden« mit den Fabrikanten und der Möglichkeit, daß der Kunde die Anlage selbst kauft. Der Besitzer betrachtet seine Na als »Büromaschine« und verlangt von ihr die Befriedigung aller seiner Wünsche.

Die absolute Wirtschaftlichkeit solcher Na kann kaum berechnet werden; denn der »Wert« der vielen Leistungen für den Besitzer ist nicht allgemein feststellbar. Wenn man von diesem wahren Wert für den Besitzer absieht, kann man einen Vergleich einer handbedienten (amerikanischen) und einer deutschen Na machen, der aber kein richtiges Bild gibt.

XI. Ortstarife.

Allgemein gilt die Forderung, daß die Gestaltung des Ortstarifes der Entstehung der Kosten angepaßt sei. Denn jede Unstimmigkeit in diesem Zusammenhang benachteiligt irgendeine Gruppe von Teilnehmern. Folgende Arbeiten behandeln die jetzt gebräuchlichen Tarifsysteme:

Dr. C. A. Maitland: Journal Télégraphique, Bern, Dec. 1928 und Jan. 1929. Aus einem Studium aller wichtigen Ortstarife der Welt leitet er ab:

$$w = ax + b$$

w = jährliche Zahlung eines Hauptanschlusses,
a = Gesprächgebühr 0,045...0,07 Gold-Franken,
b = Grundgebühr 60...100 Gold-Franken im Jahr,
x = jährliche Gespräche
   (1 G.-F. = 0,80 RM.).

Dr. E. Feyerabend: Weltwirtschaft, August 1930, verlangt eine »Wagnisgebühr« auch für Staatsverwaltungen.

Dr. E. Feyerabend: Jahrbuch für Post und Telegraphie, 1928/29, bespricht deutsche Verhältnisse.

—: Jahrbuch für Post und Telegraphie 1930/31, das ist die inhaltreichste Arbeit über deutsche Verhältnisse.

Archiv für Post und Telegraphie, Mai 1927, mit sehr vielen statistischen Zahlen für Deutschland.

Dr. Wittiber: Band 43 der Sammlung Post und Telegraphie in Wissenschaft und Praxis, 1932, Verlag von Decker, Berlin, bespricht deutsche Orts- und Ferntarife.

—: »Hotel« Nr. 47, 21. 11. 1930 und 1931, Verlag Internationaler Hotelbesitzer-Verein, vergleicht die Ortstarife, Nebenstellengebühren und Ferntarife für 12 Länder.

Zeitschrift »Telephony«, Chicago, fortlaufend.

Handwörterbuch des elektrischen Fernmeldewesens, Verlag Springer, Berlin 1929.

Journal Télégraphic (Weltpostverein) Bern, berichtet fortlaufend über die Tarife.

Feyerabend, Jahrbuch PT., 1930/31, zieht aus seinen kritischen Arbeiten folgende Schlüsse über den deutschen Ortstarif (1931): Die Grundgebühren decken die festen Kosten nicht. (Als »Nachlaß« ist der Betrag angegeben, den die 5% nicht anzurechnender Gespräche ausmachen). Die Gesprächsgebühr ist zur Deckung des Fehlbetrages der festen Gebühren heranzuziehen wie folgt: Ein Gespräch: 10 Pfennige sollen decken: (in Pfennigen)

	Hand	Wähler
Personalausgaben.	6,5	2,3
sächliche Ausgaben.	1,0	0,8
Kapitaldienst	0,6	1,9
Nachlaß.	0,44	0,44
	8,54	5,44
nicht gedeckte feste Ausgaben	3,2	3,2
	11,74	8,64
Fehlbetrag.	1,74	—
Überschuß	—	1,36

Der Überschuß des Wählerbetriebes deckt gerade den Fehlbetrag des Handbetriebes.

Untersucht man die Tarifgestaltung genauer, so zeigt es sich, daß die als zweckmäßigste Form beanspruchte Teilung in Grund- und Gesprächsgebühr der Entstehung der Ausgaben im Wählerbetrieb nicht entspricht. Dieser Tarifform liegt der Handbetrieb zugrunde, in welchem die veränderlichen Ausgaben im wesentlichen durch die Gehälter der Beamtinnen entstehen. Die Zahl der Beamtinnen wird durch die Zahl der herzustellenden Verbindungen (C) bestimmt. Daher ist die Gesprächsgebühr für Handbetrieb angemessen. Aber nicht für Wählerbetrieb. Hier entstehen die veränderlichen Ausgaben durch die Gruppen- und Leitungswähler und Amtsverbindungsleitungen, deren Anzahl durch die Belegungszeit (ct) bestimmt wird. Dem Wählerbetrieb ist eine Grundgebühr und eine Zeitgebühr angemessen.

In den Ver. Staaten gibt es einen Ort mit Zeittarif (Everett, Wash.). In Europa hat Österreich einen Zeittarif: (1933) z. B. für Wien

Grundgebühr Hauptanschluß 192 Schilling/Jahr.
» 2er-Anschluß 144 »
» 4er- » 96 »

Veränderliche Gebühr: 1,20 Schilling je Belegungsstunde.

Die Ferntarife sind naturgemäß den jetzt beginnenden Umstellungen nirgends angepaßt. Man muß also noch warten, bis späterhin Studien über angemessene Ferntarife erscheinen können.

Die Zahlungsfähigkeit der Wenigsprecher.

Aus England kommt (Telephony, 22. 10. 32, S. 24) folgende Einteilung der Wohnungen:

1 Sprechstelle je Haus in Gegenden, wo ein Haus £ 1500,— bis £ 2000,— kostet;

4 Sprechstellen in 10 Häusern in Gegenden, wo ein Haus £ 500,— bis £ 1000,— kostet;

1 Sprechstelle in 100 Häusern in »billigen« Gegenden.

In Deutschland werden vom Juli 1933 ab »Ortsmünzfernsprecher« errichtet. Das sind »Sonderapparate« für Hauptstellen oder Nebenstellen, ohne Gewährleistung einer Mindesteinnahme. Der zusätzliche einmalige Baukostenzuschuß ist für Hauptstellen RM. 20,—, der Zuschlag zur monatlichen Grundgebühr RM. 1,70. — Für Nebenstellen ist der einmalige zusätzliche Baukostenzuschuß RM. 35,— und der Zuschlag zur monatlichen Grundgebühr RM. 2,70. — Der Inhaber des Ortsmünzfernsprechers leert die Kassette selbst. Er hat an die Reichspost die regelrechten Gesprächsgebühren abzuführen.

XII. Ergänzungen zu Kapitel I—VI.

I. Die Gesamtanlagen.

Man muß jede Sprechstelle als Glied im Weltverkehr auffassen. Dieser weitgehende Zusammenhang wird im Comité Consultatif International des Communications à grande distance, 23. Ave. de Messine, Paris VIII, Abteilung Fernsprechwesen, abgekürzt CCIF behandelt.

In diesem Ausschuß sind alle großen Verwaltungen vertreten. Die
»Empfehlungen« sind in einem Rotbuch und einem Gelbbuch zusammengefaßt. Über die letzten Ansichten hinaus bespricht man heute schon
die Verkleinerung der Restdämpfung der Weitverbindungen zum Zweck,
die Ortsnetze und Netzgruppen nicht zu benachteiligen. Die Zeitschrift:
Europäischer Fernsprechdienst, Berlin-Charlottenburg 9, Rognitzstr. 8,
berichtet fortlaufend über die Arbeiten des CCIF.

II. Verkehr.

Die nachfolgenden Angaben über die Grundgrößen s, c, t, k, f zeigen
den Einfluß der Wirtschaftskrise.

s Anschlüsse (HA) und Nebenstellen (N) in Deutschland in Millionen:

	1927	1930	1931	1932	März 1933
HA-Hand	1,23	0,96	0,84	0,61	
» -Wähler	0,48	0,97	1,11	1,25	
N	1,03	1,20	1,22	1,17	
öffentlich	0,05	0,07	0,07	0,08	
	2,79	3,20	3,24	3,11	2,96

In den Ver. Staaten v. NA. sind die Anschlußzahlen so gekennzeichnet:

	Ende 1931	Februar 1933
Sprechstellen der Bell-Gesell-schaften	16 796 000	13 793 000

Sprechstellenzahl und Dichte Januar 1932 in 1000 ausgedrückt:

	Anzahl	Dichte	Sprechstellen auf 100 Einwohner:	Dichte
Ver. Staaten	19 690	15,8	S. Francisco	41
Nord-Amerika	21 275	12,5	Washington	33
Südamerika	637	0,7	Stockholm	32
Europa	10 871	2,0	Los Angeles	29
Dänemark	364	10,1	Toronto	27
Frankreich	1 228	2,9	New York	24
Deutschland	3 113	4,8	Oslo	19
England	2 080	4,5	Kopenhagen	18
Italien	440	1,0	Zürich	16
Norwegen	197	7,0	Paris	13
Schweden	560	9,1	Berlin	12
Schweiz	324	7,9	Hamburg	11
Asien	1 255	0,1	Köln	8,5
Afrika	252	0,1	London	8,0
Australien	765	0,2	Wien	7,5
Welt:	35 057	1,8	Rom	6

Verhältnis von Sprechstellen zu Anschlüssen 1932		Sprechstellen je km²	
Ver. Staaten	1,22	Deutschland	6,64
Deutschland	1,66	Ver. Staaten	2,6
Schweiz	1,38	Dänemark	7,9
Japan	1,22	England	8,1
Österreich	1,53	Frankreich	2,2
Frankreich	1,57	Italien	1,41
Dänemark	1,18	Berlin	510,—
England	1,57	London	770
		Paris	830
		New York	1800

Prozentsatz der Wähleranschlüsse.

Schweiz	50%	Deutschland	67,7%
Ver. Staaten	33%	Italien	71,7%

c Die Belegungszahlen sind sehr niedrig geworden. Auf ganze Länder bezogen sind die Gesprächszahlen (1932) je Sprechstelle im Tage:

	Orts-	Fernverkehr
England	2,2	0,3
Deutschland	2,1	0,27
Schweiz	1,53	0,8
Ver. Staaten	4,2	0,16
Schweden	4,5	0,27

Die Belegungszahlen sind um etwa 20...25% höher. Für Großstädte findet man 6...8 Gespräche/Tag/Sprechstelle.

Der Einfluß der Wirtschaftskrise zeigt sich in folgenden Zahlen: für Deutschland Ortsgespräche je Sprechstelle im Tag

1926	1927	1928	1930	1932
2,58	2,62	2,9	2,5	2,1

Für die Ver. Staaten findet man:

Gespräche je Tag im ganzen Bell-System:

	1930	1932
Ortsgespräche	62,3	58,8 Mill.
Ferngespräche	2,93	2,25 »

Die Sprechlust der Einwohner ist eigenartig verschieden: Orts- und Ferngespräche je Einwohner im Jahr:

Canada	249	Schweiz	62
Ver. Staaten	222	Japan	50
Neu-Seeland	197	Deutschland	38
Dänemark	156	England	35
Schweden	136	Frankreich	21
Norwegen	93		

Interessant ist der Einfluß der großen Ortszone (bis 50 km) bei Stockholm (1931). Stadtgespräche 86%, Zonengespräche (im Ortstarif) 10,5%, Ferngespräche 3,5%.

Die Verteilung (1931) der Ortsgesprächszahlen in Deutschland nach Netzgrößen (Jahrbuch P. u. Tel. 1930/31), betreffend monatlich abgehende Ortsgespräche je Anschluß (nicht je Sprechstelle!) in Prozentsätzen:

Gespräche je Monat	$\frac{1}{30}$	$\frac{31}{75}$	$\frac{76}{150}$	$\frac{151}{300}$	300
Netz 1— 50	87,2	11,1	1,5	0,2	—
51— 100	70,2	24,0	4,7	0,9	0,2
101— 500	50	34,2	11,3	3,6	0,9
501— 1 000	35,2	37,7	17,0	7,5	2,5
1 001— 5 000	24,5	38	21,6	11,1	4,8
5 001—10 000	18,2	36,8	24,5	13,5	7,0
10 001—50 000	15,3	32,9	25,8	16,3	9,7
Hamburg	15,7	32,5	24,8	16,6	10,4
Berlin	16,5	31,8	25,2	16,3	10,2

t Belegungsdauer. In Hamburg wurde für Ortsverbindungen von Hauptstelle zu Hauptstelle $t = 1,1...1,7$ min, für Verbindungen über 2 Nebenstellenanlagen $t = 2,6...4,1$ min festgestellt. In Amsterdam fand man die Gesprächsdauer $105...112''$, die Belegungsdauer $83,6...92,6''$ bei rd. 70% erfolgreichen Verbindungen. In Lausanne fand man eine Belegungsdauer von 1,52 min. Im inneren Verkehr einer Großbank fand man $t = 75''$. Diese Zahlen haben sich seit 1927 also nicht geändert.

Verteilung der Dauer von Fernsprechvorgängen. Die Angabe einer mittleren Dauer $t = ...$ eines Fernsprechvorganges genügt häufig nicht. Man fragt oft nach einer »Höchstdauer«. Alle Dauern im Fernsprechwesen: Warten auf Antwort im Handbetrieb, Warten auf Amtszeichen, Warten auf Antwort des Angerufenen, Belegungszeit und Gesprächszeit (wenn keine Perioden wie im Fernverkehr zwangsweise Einschnitte machen) folgen erstaunlich genau dem »Ausscheidungsgesetz«

$$e^{-u} = 2,7182^{-u}. \quad u = \frac{\text{untersuchte Dauer}}{\text{mittlere Dauer}} = \frac{t_x}{t_m}.$$

Tabelle für e^{-u}.

u	$1-e^{-u}$ innerhalb	e^{-u} außerhalb	u	$1-e^{-u}$ innerhalb	e^{-u} außerhalb
0,1	0,095	0,905	1,5	0,777	0,223
0,2	0,181	0,819	2	0,865	0,135
0,3	0,259	0,741	3	0,951	0,049
0,5	0,393	0,607	5	0,993	0,007
0,8	0,551	0,449	7	0,999	0,001
1,0	0,632	0,378	10	0,9999	0,0001

Beispiele: mittlere Gesprächsdauer $t_m = 100''$.

$t_x =$	$10''$	$30''$	$50''$	$100''$	$200''$	$500''$	$1000''$
$u =$	0,1	0,3	0,5	1	2	5	10
$i =$	9,5%	25,9%	39,3%	63,2%	86,5%	99,3% $\leftrightarrows$ 100%	
$a =$	90,5%	74,1%	60,7%	36,8%	13,5%	0,7% $\leftrightarrows$ 0%	

$i = $ %-Satz der Dauern innerhalb t_x

$a = $ %-Satz » » außerhalb t_x.

Molnar gibt für Budapest die nachstehenden Zahlen an (Z. f. FMT, 1930, S. 90): $t_m = 154''$ mittlere Gesprächsdauer

es liegen innerhalb	Angabe Budapest	Theorie e^{-u}	
30''	10 %	18%	
60''	29,7%	29%	
90''	42 %	41%	
120''	54 %	52%	} aller Gespräche
240''	78 %	78%	
420''	95 %	93%	
720''	98,5%	99%	

Berechnung der Wartezeiten. Dr. Pollaczek hat eine Theorie (El. Nachrichten-Technik 1931, Heft 6 und 1932, Heft 11) und Schaulinien (TFT 1930, Heft 3, El. NT. 1931, Heft 7) zur Berechnung der mittleren Wartezeit angegeben. Es seien s Erledigungsstellen (Beamtinnen, Wähler, Leitungen usw.) vorhanden, die im Mittel η Stunden in einer Stunde beschäftigt sind. Jeder Vorgang (Arbeit der Abfragebeamtin, Belegung eines Speichers, mittlere Belegungsdauer einer Verbindung) dauere t_0 Zeiteinheiten. Dann kann man die mittlere Wartezeit Θ aus den Schaulinien ablesen. Z. B. $s = 1 = $ eine Abfragebeamtin; $t_0 = $ Einheit einer Verbindungsarbeit $= 8''$:

$\eta =$	0,2	0,4	0,5	0,6
$\dfrac{\Theta}{t_0} =$	0,13	0,33	0,5	1,2

für $\eta = 0,5$ und $t_0 = 8''$ und $s = 1$ wird $\Theta = 4''$ mittlere Wartezeit, die nun mit dem e^{-u}-Gesetz eine Übersicht über alle zu erwartenden Wartezeiten zu berechnen gestattet: mittlere Wartezeit, $t_0 = 4''$, auf das Abfragen. Innerhalb ... sec liegen ... % der Beobachtungen

	$1''$	$2''$	$4''$	$8''$	$12''$
$u =$	0,25	0,5	1	2	3
%	22%	39%	63%	86%	95%

k Die Konzentration (jetzt auch »Verkehrsdichte« genannt) wurde in 111 Landzentralen von rd. 50 Anschlüssen festgestellt zu

k in %		in Fällen	k in %		in Fällen
5...10	....	15	25...30	....	9
10...15	....	25	30...40	....	6
15...20	....	36	> 40	....	2
20...25	....	18			111

Ferner sind bekannt geworden

k für Berlin . . . . 12 %

  » Stockholm:

   (innen) . . . . . 11,6 %

   (außen) . . . . . 10 %

  » Budapest . . . . 12,7 %.

Diese Zahlen haben sich also seit 1927 nicht geändert.

f der Interessenfaktor (jetzt auch »Verkehrsbeziehung« genannt) der Abb. 4 der ersten Auflage ist mehrfach bestätigt worden; z. B. Molnar (Budapest, Z. f. FMT, 1930, S. 90) und Maitland (Amsterdam, Z. f. FMT, 1927, S. 107).

Die Betriebsgüte ist in mehreren Aufsätzen behandelt, für Deutschland Dr. Hochheim in TFT, 1930, Heft 2. Die Z. f. FMT brachte in den Jahrgängen 1927...1932 mehrere Aufsätze. Die Ergebnisse lassen sich nicht vergleichen, weil die Beobachtungen ganz verschieden bewertet sind.

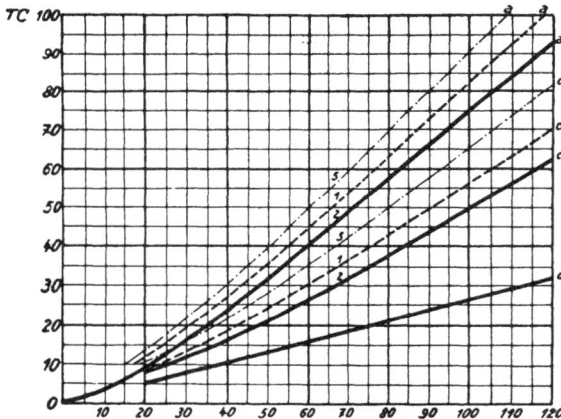

Abb. 21. Leistungskurven für Berechnung von großen Leitungsbündeln.

a vollkommene Bündel
c gemischte Bündel
2 1 ‰ Verlust
1 1 % »
5 5 % »

III. Berechnung der Wählerzahl.

Die Deutsche Reichspost schreibt seit 1931 folgende Verlustziffern vor:

1 vH-Verlust für Gruppen- und Leitungswähler (auch Orts-Fern-LW), wenn sie nur dem Verkehr innerhalb eines Amtsgebäudes dienen.

Für Verbindungsleitungen soll der Verlust sein: 1 vT für Leitungsbündel im Ortsnetz, 1 vH für Leitungsbündel, die das Ortsnetz überschreiten.

Für die Wählerberechnung selbst hat M. Langer, Berlin, die bequemsten Schaulinien bekanntgemacht. Die Abb. 21, 22 sind Abzüge dieser Bilder.

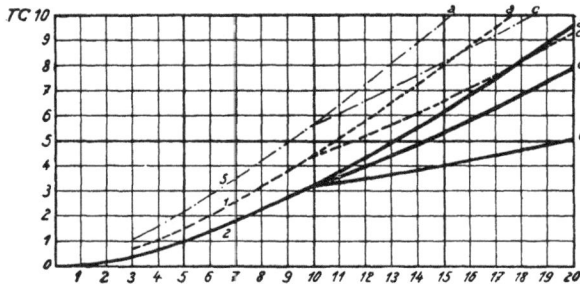

Abb. 22. Leistungskurven zur Berechnung kleiner Bündel.

a vollkommene Bündel
c gemischte Bündel
2 1 °/₀₀ Verlust
1 1 °/₀ »
5 5 °/₀ »

Die englischen Unterlagen für die Wählerberechnung sind veröffentlicht in: Post Office Engineering Dpt.; Technical Instructions XXV, Automatic Telephone Exchange Systems, Part 12 A (zwei Teile: Erläuterungen und Schaulinien), zu beziehen von His Majesty's Stationary Office, London.

IV. Handbetrieb.

In Großstädten verschwindet der Handbetrieb mehr und mehr. Aber kleine, unabhängige Gesellschaften scheuen auch heute noch die Anlagenkosten für Wählerbetrieb. In manchen Ländern (Ver. Staaten N.A., Finnland) gibt es Tausende kleinster Gesellschaften von 10 Anschlüssen ab, die ohne Rücksicht auf die Forderung »Jede Sprechstelle ist ein Glied im Weltverkehr« Klappenschränke mit Zufallsbedienung betreiben. Für Anlagen bis zu 1000 Anschlüssen findet man, namentlich in den Ver. Staaten oft »Hochleistungsschränke« (superservice boards). Das sind handbediente Schränke (z. B. Buch »Telephony«, McMeen and K. B. Miller, Verlag American Technical Society Chicago), in denen die Arbeit der Beamtin aufs äußerste herabgesetzt ist. Die Anrufzeichen sind dreimal wiederholt: weiße, rote, grüne Lampen, die in dieser Reihenfolge abzufragen sind. Die Beamtin muß nur den Abfragestöpsel stecken, ihr Abfragegerät wird selbsttätig angeschaltet, sie fragt ab und steckt den Verbindungsstöpsel ohne Prüfen ein. Wecken selbsttätig. Die Beamtin hat keine Umschalter zu bedienen. Trotzdem ist der Wert einer solchen Verbindung 0,7. Der Hauptgewinn an Leistung liegt in der Wiederholung der Anruflampen. Man erhöht deshalb die Arbeitszeit α auf 0,65. Ferner kann ein Platz (gegebenenfalls zwei Nachbarplätze) mit allen wiederholten Anrufzeichen belegt werden, so daß die Bedienung in Zeiten schwachen Verkehrs wirtschaftlicher wird.

Die Wirtschaftlichkeit des Handbetriebs ist nicht mehr untersucht worden. Über die Anlagekosten findet man folgende Zahlen: Ericsson Review, 1929, Heft 7/9, Amt 9300 Anschlüsse, mittlerer Verkehr: Handbetriebsamt 70 schwed. Kr., Wähleramt 112,8 Kr. Verhältnis Wähler zu Hand: 1,6. Wittiber gibt an 1,5. Dieses Verhältnis ist für kleine Anlagen größer.

Wenn man die 9 Posten der Tabelle S. 67 (I. Auflage) auf die vier Anlagenteile zusammenfaßt, erhält man:

Verteilung der Kosten:

Gebäude, Gelände	8 %	} Anlagekosten
Netz	60 %	für
Amt	22 %	Handbetrieb
Teilnehmereinrichtungen	10 %	
	100 %	

V. Die Posten der Sollseite (Aktiva).

Wenn man eine Zahl findet: Anlagekosten einer Sprechstelle = $ 250,— oder £ 77,— oder in sonst einer Währung, kann man diese Zahlen nicht ohne weiteres vergleichen. Man weiß nicht, was drin steckt: Anteil an Fernverkehr, an Nebenstellen, an Vorräten. In den Zahlen aus den Vereinigten Staaten sind meistens die Anteile für Nebenstellen, Vorräte und Nahverkehr enthalten. Ferner ist immer das Gemisch von Hand- und Wählerbetrieb in einer einzigen Zahl erfaßt, ausgenommen in den deutschen Arbeiten:

Dr. Feyerabend: Jahrbuch für Post und Telegrafie 1930/31, Verlag Pflaum, München.

Dr. Wittiber: Sammlung Post und Telegrafie in Wissenschaft und Praxis, Bd. 43, 1932, Verlag von Decker, Berlin W 9,

aus welchen die nachfolgenden deutschen Zahlen entnommen sind.

Als neuer Beitrag zu den Kostenfragen ist zu begrüßen: Dr. Dietzmann: »Untersuchung nicht sachlicher Werte bei Fernsprechanlagen«, Dissertation Techn. Hochschule Berlin 1928 mit folgenden Zahlen:

Wert der Gesamtanlage in Dollar (= RM. 4,20)				Prozentsatz der nichtsachlichen Werte vom Gesamtwert
$ $10^{4,5}$	etwa =	120 000 RM.		5 %
$ 10^5	» =	400 000 »		7,5 %
$ 10^6	» =	4 Millionen RM.		10,8 %
$ 10^7	»=	40 »	»	11,3 %
$ 10^8	» =	400 »	»	5,5 %
$ 10^9	» =	4 Milliarden »		2 %

Die Abb. 20 zeigt den Gesamtwert aller deutschen Fernsprech-anlagen zu etwas über RM. 2 Milliarden = etwa $ 5.10^8$. Die nicht-sachlichen Werte der Ortsanlagen sind zu 4,4%, der Fernanlagen zu 5,4% angegeben. Sie liegen also fast ganz genau auf der obigen Linie, die vor dem Bekanntwerden der genannten deutschen Arbeiten entstand. Gefühlsmäßig sollte man einen gleichmäßigen Abfall der nicht sach-lichen Werte mit der Zunahme der Anlagenwerte erwarten. Die hohe Spitze bei den mittelgroßen Anlagen kommt daher, daß manche selb-ständigen Gesellschaften selbst ausgiebig planen, entwickeln, finanzieren, was bei großen Verwaltungen zentralisiert ist.

Die Anlagekosten für Wählerbetrieb. Die genannten deutschen Arbeiten erfassen die Kosten je Sprechstelle, ohne Anteile an Fern- und Nebenstellenanlagen. In allen folgenden Angaben ist der Unterschied der Bezugseinheiten: Sprechstelle oder Anschluß genau eingehalten. Das Verhältnis dieser beiden Einheiten ist von Land zu Land verschie-den. Zunächst seien die Anlagekosten ohne Vorräte gezeigt:

Die Kosten der Wähler-Ortsanlagen für 1930 ohne Vorräte, bezogen auf eine Sprechstelle, setzen sich zusammen für die Anlagen mit ... An-schlüssen in Reichsmark:

Anschlüsse	Leitung	Sprechstelle	Amt	Raum	nicht-sachlich	Gesamt
1— 50	640	70	120	33	64	927
51— 100	450	65	180	50	47	792
101— 200	400	60	175	57	32	717
201— 500	380	60	140	50	47	667
501— 1 000	215	60	155	50	33	511
1 001— 5 000	190	60	150	40	35	475
5 001—10 000	250	60	180	45	41	576
10 001—50 000	170	60	185	50	34	499

Für Berlin wurden einmal RM. 1100,— angegeben, ohne zu sagen, ob Vorräte einbegriffen sind.

Der Einfluß der **Vorräte** auf die mittleren Anlagekosten ist groß: Vorrat im Amte: n% Erhöhung der Vorräte über die Anzahl der arbei-tenden Anschlüsse erhöhen die Kosten eines Anschlusses um n%. Vor-rat in den Leitungen: bei Freileitungen: n% Erhöhung der Vorräte über die Anzahl arbeitender Leitungen erhöht die Kosten der Leitungen um 0,71 n%. Bei unterirdischen Leitungen: n% Erhöhung der Vorräte über die Anzahl der arbeitenden Leitungen erhöhen die Kosten der Leitungen um 1,03 n%. Sind z. B. die (unterird.) Leitungskosten ohne Vorrat je Anschluß RM. 169,—, so sind sie für 42% Vorrat um $1,03 \times 42$ = 43,2% höher, d. h. $1,432 \times 169$ = RM. 240,—.

Die **Freizone** ist die Leitungslänge, bis zu welcher die Verwaltung die Teilnehmerleitung ohne Zuschüsse des Teilnehmers zur Verfügung stellt.

Deutschland in allen Netzen . . . . 5 km.

	Schweiz		Österreich
Anschlüsse	Freizone	Anschlüsse	Freizone
...1000	2 km	...200	1 km
1001—5000	3 »	201—500	1,5 »
>5001	5 »	501—2000	2 »
		2001—5000	3 »
		>5001	4 »
		Wien	5 »

Schweden:

Anschlüsse	Freizone
<50: der Teilnehmer baut selbst	
51— 500	1 km
501— 1 500	1,5 »
1501— 3 000	2 »
3001—10 000	2,5 »
>10 000	4 »

Die große deutsche Freizone wirkt stark verteuernd, die schwedischen Freizonen stark verbilligend auf die von der Verwaltung aufzuwenden-den Anlagekosten.

Die mittleren Anschlußlängen in Deutschland sind:

Netz	$\frac{1}{50}$	$\frac{51}{100}$	$\frac{101}{200}$	$\frac{201}{500}$	$\frac{501}{1000}$	$\frac{1001}{5000}$	$\frac{5001}{10\,000}$	$\frac{10\,001}{50\,000}$
km	3,55	2,66	2,43	2,44	1,56	1,6	2,13	1,87

Zur Berechnung des Mittelwertes einer Wählersprechstelle in Deutschland benutzt man das Verhältnis (%) der Anschlüsse jeder Netzgröße zu allen Wähleranschlüssen:

Netz	%	Anlage-wert RM.	Beitrag zum Mittelwert in RM.
1— 50	1	927	9,27
51— 100	2,8	792	22,2
101— 200	4,1	717	29,4
201— 500	7,8	667	52
501— 1 000	6,2	511	31,6
1 001— 5 000	13,9	475	66
5 001—10 000	5,9	576	34
10 001—50 000	38,5	499	192
Hamburg ⎱ Berlin . . ⎰	19,8	(950)	190
	100	(geschätzt)	627

Als Gedächtniszahl kann man sich merken: eine Wählersprech-stelle in Deutschland kostet für Ortsverkehr im Mittel RM. 600,—, ohne Vorräte, ohne Nebenstellen. Berechnet man in gleicher Weise die Kosten der einzelnen Teile, erhält man:

	RM.	a) %	b) %
Raum: Gebäude, Gelände	50	8	8
Netz ohne Vorrat	294	47	52
Amt	173	27,5	30
Sprechstelle mit Hausverdrahtung . . .	60	9,5	10
nichtsachliche Werte	50	8	—
	627		

In den Zahlen b) % sind die nichtsachlichen Werte auf die Anlagenteile umgelegt. Ohne die Zahlen zu vergewaltigen, kann man als Gedächtniszahlen annehmen:

Verteilung der Anlagekosten:

Gebäude, Gelände	8 %
Netz (ohne Vorrat)	50 %
Amt (ohne Vorrat)	30 %
Sprechstellen	12 %
	100 %

Anlagekosten für Wählerbetrieb

Die Anlagenwerte in anderen Ländern, die entweder reinen Handbetrieb oder gemischten Hand- und Wählerbetrieb haben, sind in Mark:

Netz	$\frac{1}{500}$	$\frac{501}{1000}$	$\frac{1001}{10000}$	$\frac{10001}{50000}$	50001 . . . Sprechstellen
von	150	280	400	500	1000
bis	400	480	1000	1000	1700

Nehmen wir als rohen Mittelwert RM. 1000,—.

Zieht man folgende Anteile ab: Fernverkehr 15 %, Vorräte 20 %, Nebenstellen 3 %, zusammen 38 %, so ist der Anlagenwert jeder Sprechstelle etwa RM. 620,—. Man kommt so wieder auf die vorhin berechnete Zahl. Als Gedächtniszahl kann man sich merken:

Anlagewert einer Sprechstelle einschl. Anteil an Fernbetrieb, Nebenstellen und Vorräten ist im Weltmittel RM. 1000,—. Die in der Welt in allen Fernsprechanlagen festgelegten Kapitalien sind also etwa 33 Milliarden RM.

Ein Unterschied der Gesamtanlagekosten (im Durchschnitt über ein Land) für Hand- oder Wähleranlagen läßt sich nicht feststellen. Man beachte aber den Unterschied in den Verhältniszahlen der Anlagekosten, Seiten 110, 113.

Reine Wähleranlagen in den Ver. Staaten N.-A., entnommen aus Interstate Commerce Commission, Statement Nr. 32 104 (File Nr. 3-D-5) September 1932. Bedeutung der folgenden Zahlen:

Nr.: ist die Nummer der Anlage im obigen Bericht.

1. Zahl der (reinen Wähler-) Ämter.
2. Zahl der Sprechstellen.

3. Anlagekapital in $ einschl. Lager, Nebenstellenanlagen, aber ohne Finanzaktiven. Die genannten Anlagen haben keine eigenen Fernanlagen. Die Summe ist der Beschaffungswert der vorhandenen Teile.

j. S. Anlagekapital je Sprechstelle.

4. Saldo des Abschreibekontos, der Buchwert der Anlage ist also Ziffer 3 — Ziffer 4.

5. Andere Rücklagen als Ziffer 4, als Hinweis auf die Gesundheit der Anlage.

6. Jährliche Einnahmen in $. Alle Anlagen haben einen Anteil an den Ferneinnahmen, die aber nicht im einzelnen angegeben sind. Dieser Anteil ist nicht hoch, da die Ortsgesellschaften etwa $ 0,10 als Abfindung für den Gebrauch ihrer Anlagenteile für jede abgehende Fernverbindung erhalten.

7. Einnahmen in Prozent des Anlagekapitals.

8. Jährliche Ausgaben in $, umfassend Abschreibungen, Instandhaltung, Verkehr, Handlungsausgaben, allgemeine Ausgaben, aber nicht erfassend Steuern, Abgaben, Zinsen, Dividenden.

9. Jährliche Ausgaben in Prozent der Anlagekosten.

10. Dividende als Hinweis auf die Angemessenheit der Einnahmen. Wenn im »Statement« verschiedene Dividenden für common und preferred stock angegeben, so steht unter Ziffer 10 ein Mittelwert.

11. Ortsgespräche/Tag/Sprechstelle.

12. 1 Kopf des Personals auf ... Sprechstellen.

	Nr. 16	Nr. 22	Nr. 27	Nr. 45
1	4	1	11	1
2	14 276	6 763	35 954	8 881
3	2 869 377	1 180 147	6 441 888	1 273 303
j. S.	$ 200	$ 175	$ 180	$ 145
4	469 102	262 214	1 023 082	150 109
5	55 884	97 120	275 445	71 350
6	658 791	256 036	1 316 271	305 255
7	23 %	21,7 %	20,5 %	24 %
8	376 288	144 929	842 736	143 584
9	13 %	12,3 %	13,1 %	11,3 %
10	7,5 %	7 %	6 %	ja
11	8,4/Tag	5,5/Tag	7,5/Tag	8,6/Tag
12	130	102	77	210

	Nr. 151	Nr. 167	Nr. 183	Nr. 201
1	1	2	2	3
2	5 787	5 145	6 217	5 918
3	757 848	676 642	1 158 101	925 669

	Nr. 151	Nr. 167	Nr. 183	Nr. 201
j. S.	$ 131	$ 132	$ 187	$ 166
4	353 870	223 487	471 484	170 528
5	140 216	184 538	58 392	72 986
6	235 871	184 055	242 180	201 698
7	31 %	27,2 %	20,9 %	21,7 %
8	123 765	99 862	138 693	143 892
9	16,2 %	14,7 %	12 %	15,6 %
10	10 %	8 %	$ 5 je Aktie	6,5 %
11	7,8/Tag	9,7/Tag	—	6,2/Tag
12	160	112	101	91

	Nr. 203	Nr. 210	Nr. 230	Nr. 253
1	1	1	4	1
2	1 811	3 000	1 874	2 398
3	383 279	443 726	333 632	430 934
j. S.	$ 210	$ 145	$ 178	$ 180
4	44 670	119 684	34 506	48 982
5	7 869	206 343	24 622	224
6	66 750	102 109	69 750	79 781
7	17,4 %	23 %	20,8 %	18,5 %
8	44 651	40 268	45 037	52 983
9	11,6 %	9,5 %	13,5 %	12,3 %
10	4,5 %	—		5,5 %
11	5,8/Tag	5,9/Tag	4,8/Tag	8,9/Tag
12	82	187	70	83

Zusammenfassung. Die angeführten amerikanischen Gesellschaften sind Stadtanlagen, ohne Anteil an unwirtschaftlichen Landzentralen. Daher sind die Ausgaben verhältnismäßig niedrig, da kein Fehlbetrag unwirtschaftlicher Anlagen gedeckt werden muß. Der Saldo des Abschreibekontos ist noch verhältnismäßig klein, auch die allgemeinen Finanzrücklagen sind nicht hoch, d. h. die Anlagen sind noch neu.

Als Gedächtniszahl kann man sich für Einzelanlagen mit Wählerbetrieb ohne Anteil an Fern- und Landverkehr merken: Anlagekosten je Sprechstelle etwa $ 160,—, jährliche Ausgaben umfassend Abschreibung, Instandhaltung, Betrieb, Handelsausgaben, allgemeine Ausgaben, aber nicht die Befriedigung der Geldgeber, etwa 15 % der Anlagekosten.

VI. Die laufenden Ausgaben.

Es ist zur Zeit (1933) nicht möglich, aus den veröffentlichten Jahresberichten einigermaßen vergleichbare Zahlen abzuleiten. Meistens findet man die Bemerkung: Die Ausgaben sind aufs äußerste gedrosselt. So findet man Abschreibesätze bis zu 3,5 % herab, die entschieden zu niedrig sind. Anderseits sind alle Verwaltungen, auch die American Tel. u. Tel. Co. verpflichtet, möglichst viel Personal zu halten, um der

Arbeitslosigkeit entgegenzuwirken. Die Steuern für Fernsprech-Aktiengesellschaften sind überall gestiegen. Die Anschlußzahlen sind vielfach zurückgegangen, die Vorräte und ihre Kapital- und Pflegekosten werden entsprechend größer.

Handbetrieb. Die wirtschaftlichen Zahlen für Handbetrieb können aus den angegebenen Gründen nicht mehr rein als Mittelwerte gefunden werden. In den Berichten der Interstate Commerce Commission (Washington) sind allerdings etwa 20 Anlagen mit reinem ZB-Handbetrieb aufgeführt, die fast durchwegs auffallend hohe Rücklagen zeigen, z. B.:

1. Ämter	1 ZB-Handbetrieb
2. Sprechstellen	2 791
3. Anlagekapital	$ 373 517
4. » je Sprechstelle	$ 134
5. Saldo des Abschreibekontos	$ 100 756
» » % von 3.	28%
6. Sonstige Rücklagen	$ 74 325
» % von 3	20%

Die Rücklagen 5 und 6 zusammen sind 48% des Anlagenwertes. In anderen Anlagen sind diese beiden Rücklagen zusammen bis zu 73% des Anlagekapitals. Diese hohen Rücklagen auf der Habenseite der Bilanzen lassen den Schluß zu, daß diese Gesellschaften ihre Handämter absterben lassen. Dann wollen sie offenbar die Rücklagen in der Bilanz durch neues Geld auflösen, um so die Habenseite nicht wesentlich zu verändern. Das neue Geld soll den Neubau finanzieren. In anderen Worten, die Zahlen bedeuten ein vorsichtiges Finanzgebaren. Man darf aber diese Zahlen nicht verallgemeinern, weshalb sie hier nicht näher behandelt sein sollen. Interessant ist die Personenzahl. In diesen isolierten Handanlagen, ohne Fernverkehr und ohne Landämter kommt 1 Kopf auf ... Sprechstellen: 105 — 100 — 63 — 51 — 81 — 52 — 84 — 55 — 58 — 93 — 88 — 80 — 67 — 80 — 97 — 88 — 85 — 100 — 59 — 46. Diese Zahlen sind höher als die Zahlen, die sich früher als Länderdurchschnitt ergeben haben. Vielleicht sind sie Folgen der äußersten Drosselung von Neubau- und Betriebsausgaben. Jedenfalls dürfen sie nicht verallgemeinert werden.

Für den Wählerbetrieb kann man aus den Arbeiten von Feyerabend und Wittiber Mittelwerte ableiten. Die Arbeiten zeigen den ganzen Kapitaldienst (Abschreibung, Zinsen für Anleihen, Abgabe an das Reich mit 6% der Einnahmen, Rücklagen) als eine Summe. Für die hier vorliegenden Zwecke muß man die Abschreibungen herausschälen, da diese Ausgaben sich auf die Anlagen beziehen, während die »Befriedigung des Geldgebers« (Zinsen, Dividenden, Abgaben an den Staat,

Konzessionsgebühren, Steuern, Rücklagen usw.) Finanzfragen betreffen, die hier nicht betrachtet werden.

Die aus den Teilquoten gemittelte Abschreibung ist zur Zeit etwa 4% des Beschaffungswertes der noch vorhandenen Teile. Die nachfolgende Rechnung nimmt die laufenden Ausgaben aus den genannten Arbeiten und setzt als Kapitalkosten zunächst 4% ein (ohne Hamburg und Berlin).

Jährliche Ausgaben in RM.

Netz	Anlagen-wert RM.	Abschr.	sächlich	Ver-waltung	Betrieb Personal	Summe
1— 50	927	38	57	13	32	140 RM.
51— 100	792	32	50	13	33	128
101— 200	717	29	46	13	35	123
201— 500	667	27	40	15	38	120
501— 1 000	511	21	32	17	38	108
1 001— 5 000	475	19	33	16	40	108
5 001—10 000	576	23	33	15	42	103
10 001—50 000	499	20	34	15	47	116

Um daraus einen Mittelwert für Deutschland zu bilden, bezieht man die Anschlußzahlen (ohne Hamburg und Berlin) auf die vorhandenen Wähleranschlüsse der betrachteten Netze:

Netz	% der Anschl.	jährl. Kosten	Beitrag zu dem Mittelwert
1— 50	1,3	140	1,82
51— 100	3,5	128	4,48
101— 200	5	123	6,15
201— 500	9,7	120	11,7
501— 1 000	7,7	108	8,30
1 001— 5 000	17,4	108	18,8
5 001—10 000	7,4	103	7,62
10 001—50 000	48,0	106	55,6
	100%		114,47 RM.

Der Mittelwert einer deutschen Wählersprechstelle ist RM. 627,—. Die jährlichen Ausgaben sind also $\frac{114,47}{627} = 18,3\%$.

Diese Ausgaben umfassen: Anteil der Verwaltung (Reichspostministerium, Reichspostzentralamt, Oberpostdirektionen je Anschluß RM. 13...RM. 17), technisches und kaufmännisches Personal, Energie, Material und 4% Abschreibung. Da die Freizone in Deutschland und die damit zusammenhängenden Ausgaben groß sind, kann man als Gedächtniszahl sich merken: Die jährlich laufenden Ausgaben, umfassend allgemeine Verwaltung, kaufmännisches und technisches Personal der ganzen Anlage, Energie, Ersatzmaterial, Lager und 4% Abschreibung sind 17% vom Beschaffungswert der noch vorhandenen Teile. Um diese

17% einigermaßen zu unterteilen, benutzen wir die fast überall zu findende Zahl: die Instandhaltung (Material und Personal) der Anlagen kostet 4% des Anlagenwertes.

Verteilung der jährlichen Ausgaben für Wählerbetrieb, ohne Vorräte, ohne Anteil an Fern- und Nebenstellenanlagen, ohne Befriedigung der Geldgeber ist

Abschreibungen	4%	
Instandhaltung	4%	Wählerbetrieb
techn. Betrieb	2%	laufende
Handlungs-	} 7%	Ausgaben
allgem. Kosten . . .		

17% vom Beschaffungswert der noch vorhandenen Teile.

In der ausländischen Literatur findet man folgende Zahlen:

Schweden (Ericsson Review, 1929, Heft 7/9): Amt 9300 Anschlüsse mittlerer Verkehr; Ver. Staaten, Telephony, 10. 6. 33, S. 25.

		je Anschluß	
		Anlagenwert	jährl. lfd. Kosten
Schweden {	Handamt	70 Kr.	34,8 Kr.
	Wähleramt.	112,8 »	24 »
Ver. Staaten {	Handamt	—	15,49 $
	Wähleramt	—	9,42 $

In beiden Fällen wird nicht angegeben, was diese Zahlen erfassen. Man kann sie nicht vergleichen.

Für Tarifstudien müssen zu den 17% noch die Kapitalausgaben für die Vorräte (rd. 1% der gesamten Anlagekosten) und die ganze Befriedigung der Geldgeber zugezählt werden.

Techn. u. kaufmännische Ausgaben	17%
Kapitaldienst für Vorräte.	1%
Steuern	—
Abgaben an den Staat	—
Dividenden, Zinsen	—
Rücklagen	—

jährl. Gesamtausgaben Wählerbetrieb

18% + + + vom Beschaffungswert der noch vorhandenen Teile.

Für Tarifstudien ist die Einteilung in »feste« und (mit dem Verkehr) »veränderliche« Ausgaben nötig. Zu den festen Ausgaben gehören alle laufenden Ausgaben für Teilnehmereinrichtungen. Ferner im Amt: Hauptverteiler, Kabel zur Vorwahlstufe, Linienrelais, erste Vorwähler oder Kontakte an Anrufsuchern, Kontakte an den Leitungswählern. Diese Teile machen fast ein Drittel der Amtskosten (30%), also rd. 9% vom Gesamtwert aus. Ferner dürften die Amtsverbindungskabel (verkehrsabhängig!) etwa ein Zehntel der Netzkosten betragen:

Gebäude, Gelände . . . . . . 8 % ⎫
Teilnehmernetz . . . . 45 % ⎪ Wert der Anlagenteile,
Amtsanteil . . . . 9 % ⎬ die feste Ausgaben er-
Sprechstellen . . . . 12 % ⎭ zeugen.

$$\overline{74\%}$$

Diese festen Anlagenteile erzeugen laufende Ausgaben:

Abschreibungen . . . . 4 % ohne Vorräte
Unterhaltung . . . . 4 % » »
Allgemeines . . . . 7 %

$$\overline{15\%}$$

Die festen Ausgaben sind also 0,74 × 15 % = 11,1 %. Der Rest 17 % — 11,1 % = 5,9 % stellen die verkehrsabhängigen jährlichen Ausgaben dar.

Da nun immer Vorräte vorhanden sind, haben die beiden Zahlen (11,1 %, 5,9 %) nur einen theoretischen Wert. Die Vorräte sind meistens 25 % oder mehr in Netz und Amt. Alle Kapital- und Unterhaltungsausgaben dafür sind fest, erhöhen also den Prozentsatz der festen Ausgaben beträchtlich. Man erhält die laufenden Ausgaben für eine Wählersprechstelle mit Anteil an Vorräten, aber ohne Anteil an Fernverkehr, Nebenstellen, Steuern, Befriedigung des Geldgebers, Abgaben an Staat, Rücklagen:

feste Ausgaben . . . . 75 % = ¾ ⎫ laufende Ausgaben
veränderliche Ausgaben . . . 25 % = ¼ ⎭ für Wählerbetrieb

der gesamten laufenden Ausgaben, ohne Steuern, ohne Befriedigung der Geldgeber.

Pflegekosten. Die Kosten des Ersatzmaterials, die nicht über Abschreibungen verbucht werden, sind so niedrig, nur einige Pfennige für einen Anschluß, daß sie hier nicht berücksichtigt werden.

Pflegepersonal. Auf die Zahl der Pfleger wirken ein: die Zahl der Wählerstufen, Verkehr, Dienststunden, Verwendung von Routineprüfmaschinen, Art des Systems, Klima, Ausbildung, Arbeitseifer. Die ausführlichste Arbeit ist: H. Raettig, Dienstgeschäfte und Personalbedarf in den Wählersälen in Berlin, Telegraphen- und Fernsprechtechnik 1930, S. 99 und 145. Er bespricht die Pflegearbeiten, Organisation des Pflege- und Störungsdienstes, Ansprüche an das Personal und dessen Kopfzahl. Ferner: Dr. W. Schreiber »Personalfaktor« TFT 1928, Heft 4, sehr eingehend. Mehlis »Betriebsüberwachung« (Mix & Genest Nachrichten Nov. 1930). Schwachstrom-Bau und Betrieb 1930, S. 662. Über die wichtige Frage der Staubbekämpfung berichtet P. Löffler in TFT 1932, Heft 5. In anderen Arbeiten werden manchmal die Kopfzahlen und meistens die Arbeitsstunden je arbeitenden Anschluß angegeben. Man findet folgende Zahlen (Z. f. FMT 1928, S. 48): Arbeitsstunden im Amt je arbeitender Anschluß: 1,80...3,7 als Mittelwert aller Arbeitsarten. Als Gedächtniszahl für allgemeine Überlegungen kann man sich merken: Durchschnitt mit reichlichen Sicherheiten aller Arbeitsarten 3 Arbeitsstunden im Amte im Jahr je arbeitender Anschluß einschl. Krankheit und Urlaub des Personals, ohne Auskunftei und Beschwerdestelle. Für nicht überwachte Ämter (Unterzentralen, Landämter) kommen die Reisekosten dazu.

Das Gesamtpersonal für Innen- und Außendienst, Direktion, technischen und kaufmännischen Dienst, ohne Fernverkehr, ohne Neubau, schwankt sehr stark: für reinen Wählerbetrieb 1 Kopf auf 65...160 Sprechstellen. Als Mittelwert stellt sich für reinen Wählerbetrieb 1 Kopf auf 70 Sprechstellen heraus; im reinen Handbetrieb findet man 1 Kopf für 45 Sprechstellen.

Erhöhung der Wirtschaftlichkeit von Ortsanlagen. In allen Großstädten findet man getrennte Netze für Orts-, Fern-, Nahverkehr. Das ist die Folge der geschichtlichen Entwicklung und der Forderungen des CCIF, die bisher für die Ortsenden der Fernverbindungen kleinere Dämpfungen vorschreiben, als die bestehenden Ortsnetze ergeben. Da aber die Dämpfungen auf den Fernstrecken herabgesetzt werden, und da »Kleinverstärker« in Ortsnetzen für deren Gebrauch an den Enden von Fernverbindungen ausgebildet sind, folgt die Forderung, die Netze in Großstädten zu vereinigen (Lubberger, Z. f. FMT, 1932, Heft 12).

Der Prozentsatz der wirtschaftlich nachteiligen Wenigsprecher ist überall so groß, daß man eine besondere Technik für sie einführt: Gesellschaftsleitungen (oftmals nicht zugelassen, weil sie keinen Geheimverkehr bieten), Nebenstellen mit Anschluß »Dritter«, deren Namen im Teilnehmerverzeichnis stehen (in Deutschland und einigen anderen Ländern sehr häufig, in anderen Ländern nicht zugelassen), Wahlanrufleitungen (mit mehreren Teilnehmern, Wähler an jeder Sprechstelle, für Ortsverkehr z. Zt. zu teuer); ferner neuerdings Gruppenstellen und Hausgruppenstellen.

Eine Gruppenstelle ist ein öffentliches Amt kleinster Ordnung. Sie hat 2 oder 3 Amtsleitungen und 10...20 Teilnehmerleitungen. Sie wird im Schwerpunkt der Teilnehmeranschlüsse errichtet. Der Dienst ist unbeschränkt. Ihre Technik und Wirtschaftlichkeit werden ausführlich behandelt (Dr. Schreiber TFT 1932, Hefte 6—10).

Eine Hausgruppenstelle ist ein öffentliches Amt kleinster Ordnung. Sie hat eine Amtsleitung und 10 Teilnehmeranschlüsse. Sie wird im Schwerpunkt der Anschlüsse errichtet. Der Dienst ist beschränkt. Es kann gleichzeitig nur eine Verbindung aufgebaut werden und (in der einfachsten Ausführung) Gespräche zwischen zwei Teilnehmern der gleichen HGSt sind nicht möglich. Die wirtschaftlichen Zahlen für eine mit 7 Sprechstellen belegte HGSt sind im Mittel folgende für einen vollständigen Neubau:

Anschaffungskosten (hoch gerechnet):

1 Hauptanschluß mit umgelegtem Vorrat
und etwaigen Änderungen im Amt . . . RM. 900,—

7 Sprechstellen mit Hausverdrahtung . . . » 420,—

7 Zähler . . . . »   40,—

1 Hausgruppenstelle für 10 Anschl., mit
7 belegt . . . . » 200,—

RM. 1560,—

Laufende Ausgaben (einschl. Steuern, Abgaben, Zinsen, Dividenden, Rücklagen) sehr hoch gerechnet 25%, also etwa RM. 400,— im Jahr, oder je Sprechstelle RM. 57,—. Nimmt man eine Grundgebühr von RM. 2,—/Monat = RM. 24,—/Jahr an, so sind RM. 33,— durch Gesprächsgebühren zu decken. Das sind (in Deutschland) 330 Gespräche je Jahr = 1,0 abgehendes Ortsgespräch je Sprechstelle im Tag. Diese Gesprächszahl deckt sich mit dem Mittelwert der Wenigsprecher in Deutschland. In Ländern mit kleinerer Gesprächsgebühr muß die Grundgebühr erhöht werden.

Sachverzeichnis.

Abfertigung 52
Abfluß des Verkehrs 12, 45
Abgabe an das Reich 116
Abnützung 78, 92
—, gleichmäßig 50
Abschreibungen 69, 77, 117
—, Praxis 92
—, Quoten 89
—, Theorie 77, 88
—, Konto 83
—, Vergleich 92
Abzüge 38
Aggregate 86
Aktiva 61, 83, 110
Altwert 81
Alpha 23, 51, 54
Amtszeichen 16
Amortisation 69
Anlage-Anschaffungskosten 64, 111
Anschlußlänge 112
Arbeitslosigkeit 116
Arbeitsstunden 119
Artgleicher Ersatz 83, 85
Aufpfropfen 69, 83
Ausgaben, laufende 68, 115
—, feste 119
—, veränderliche 119

Bankschuld 85
Bauprogramm 6
Beamtinnenleistung 51
Beamtinnenzahl 60
Befriedigung des Geldgebers 116
Belastung 11
Belegung der Plätze 60
Belegungsdauer 13, 106
Belegungsstunde 14
Belegungszahl 10, 105
Beschaffungskosten 64, 110
Beschleunigter Verkehr 97
Besetzt, Einfluß 33
—, Meldungen 12
Betriebsgüte 15
Betriebskosten 70, 74, 115
Bilanz 78, 116

Bündel, vollkommenes 30
—, unvollkommenes 31
Büromaschine 101

c-Belegungszahl 10, 105
CCIF 103
CLR 98

Dämpfung 5, 17, 18
Deutsche Reichspost 77, 110, 116
Dichte, Teilnehmer- 104
—, Gesprächs- 105
Durchgangsamt 97

Einfluß der Grundgrößen 45
Einseitige Staffel 40
Empfangsverlust 6, 18
Empfindlichkeit 43
Endamt 98
Entwertung 78
Erhöhung der Wirtschaftk. 120
Erneuerungsfond 85
Ersatz 84
Ersatzteile 75, 119
Ertrag 68, 95
e^{-u}-Gesetz 106

Faktor des Interesses 21, 108
Fernleitungsplan 98
Fernsprechordnung 11
Fernverkehr 97
Fernwahl 97
feste Ausgaben 119
Freizone 111, 117

Gedächtniszahlen 115, 118, 119
Gegenseitigkeitsfaktor 21
Geldgeber 116
Gemischte Felder 35
Gesamtanlage 1, 103
Gerichtskosten 69
Gesprächsdauer 13, 106
Gesprächsdichte 105
Gesprächszahl 10, 105
Gewinn, angemessen 73

Gewinn, entgangener 69
Gleichzeitigkeit 23
Gruppe 24
Gruppenstelle 120
Gruppenzuschläge 24, 39

Handbetrieb 51, 109
Hausgruppenstelle 120
Hochleistungsschrank 59, 93, 109
Hauptverkehrsstunde HVSt 14, 107

Instandhaltung 84, 86
Interessenfaktor 21, 108
ICC 82

Juristische Entwertung 80

Kapitalkosten, -dienst 68, 116
Kennziffer 2
Kleinverstärker 120
K-Konzentration 14, 107
Kostenverhältnis 67, 98, 110, 113
Krisis 105

laufende Ausgaben 68, 115
Lebensdauer 88, 90
Lebensversicherung 85
Leistungen der Beamtin 51
— — Leitungen 29, 108

Meldeverkehr 97
Mischung 34
Münzfernsprecher 99

Nachbarhilfe 53
Nebenstellen 100
Netzgestaltung 3, 99
Netzgruppen 99
n-teilige Felder 43
nicht sachl. Werte 63, 110
Numerierung 2

OB-Landzentrale 99
Ortstarif 101
Ortsverkehr 97
Ortszone 106

Pflegepersonal 119
Pflegekosten 119
Personal 120
Phasenverschiebung 24
Platzbelegung 60
Preisschwankung 81, 87
Public Utility Commission 82

Quoten für Abschreibungen 89, 90, 115

Raumkosten 111
Raumpflege 75
Reflexion 6
Reichweite 2
Rentabilität 95
Rücklagen 68, 84, 116
Rückwärtige Sperrung 47
Ruhelage 50

Sammeldienstleitung 58
SAMX 100
SANA 45, 100
Schnellverkehr 2, 97
Sendeverlust 6, 18
Selbstwähl-Weitverkehr 97
Signale, Klare — 16
Sofortverkehr 97
Sollseite 61, 110
Sonderabschreibung 84
Sparkonto 85
Sperrung 47
Sprachgüte 17
Sprechdichte 8
Sprechminuten 14
Sprechstellendichte 105
Staffeln 32
Stationspflege 76
Steuern 69, 117, 118
Stille Rücklagen 86
Stromkosten 75

Tarife 3, 101
Teilnehmerzahl 8, 104
Tilgung 69, 77

Übergreifen 33
Überlastung 43
Überweisungsverkehr 98
unbekannte Werte 59
Unglücksfälle 80
unvollk. Bündel 31
Unzulänglichkeit 79, 94

Veralten 79, 81, 93
veränderl. Ausgaben 119
Verbindungswege 27
Verhältnis s/a 105
Verkehr 7, 104
Verkehrsbeziehung 108
Verkehrsdichte 105
Verkehrsmessung 26
Verluste 19, 108

Verluste, hohe 30
Verschränken 34, 39
Versicherung 69
Verständigung 1, 17
Verteileramt 97
Verteilung der Gespräche 106
— — Dauern 106
Vielsprecher 11, 45
vollkomm. Bündel 30
Vorrat 111

Wählerzahl 27, 108
Warteverkehr 97
Wartezeiten 48, 52, 53, 56, 107
Wechselstaffel 45
Weitverkehr, Selbstwähl- 97
Wenigsprecher 10, 11, 120

Wert einer Verbindung 54
Wertminderungen 78
Wert, nicht sachlich 63, 110
—, unbekannt 59

Zahl der Beamtinnen 60
— — Plätze 51
— — Wähler 27
Zählerablesung 56
Zahlungsfähigkeit 103
Zeichengabe 1, 16
Zeitgebühren 103
Zinsen 68, 95, 116
Zonenverkehr 2, 106
Zufluß des Verkehrs 44
Zunahme 9
Zuschläge 25, 39

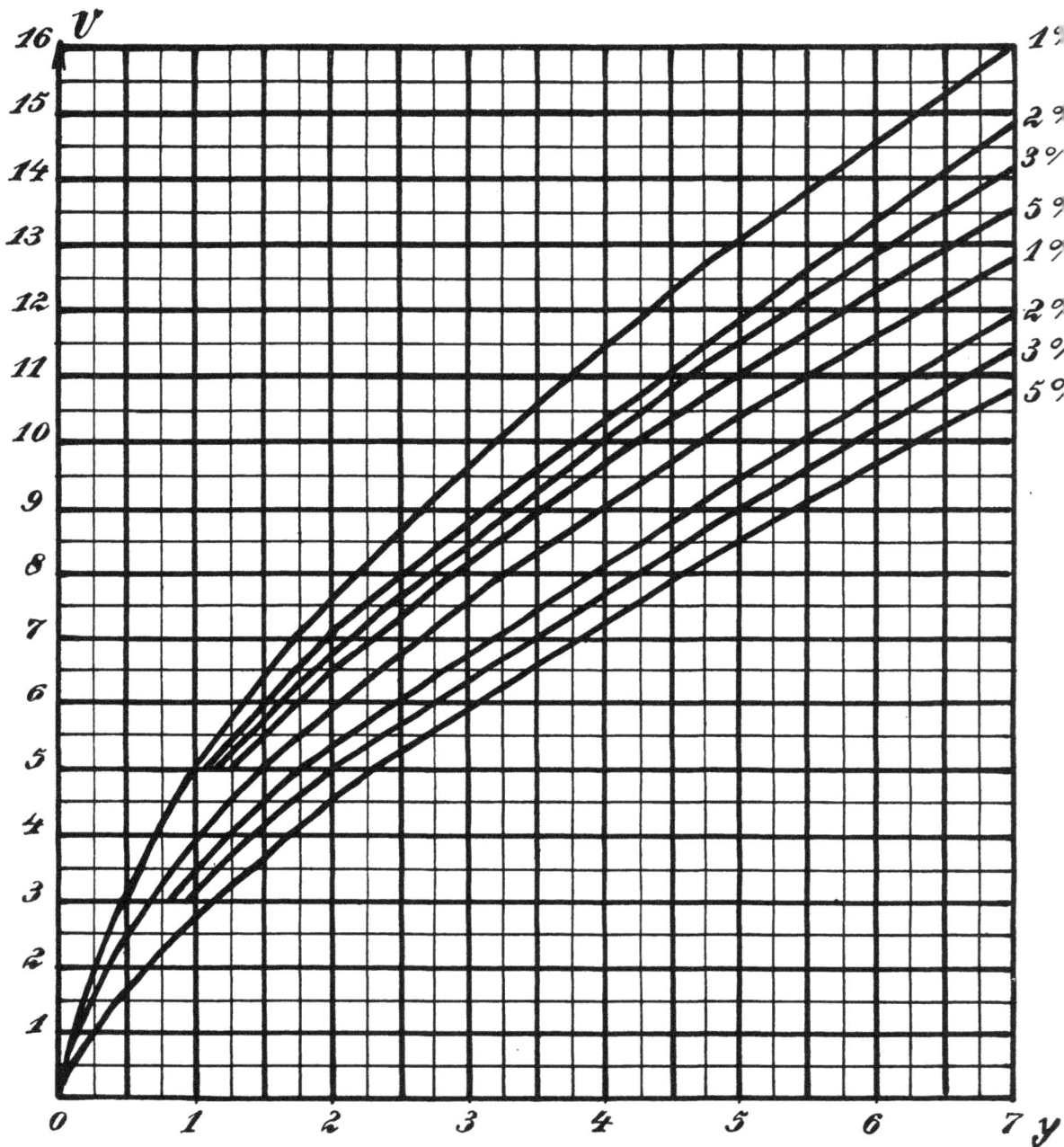

Tafel I. Verluste für vollkommene Bündel.
v = Zahl der Leitungen im Bündel.   y = Belastung in Belegungsstunden.

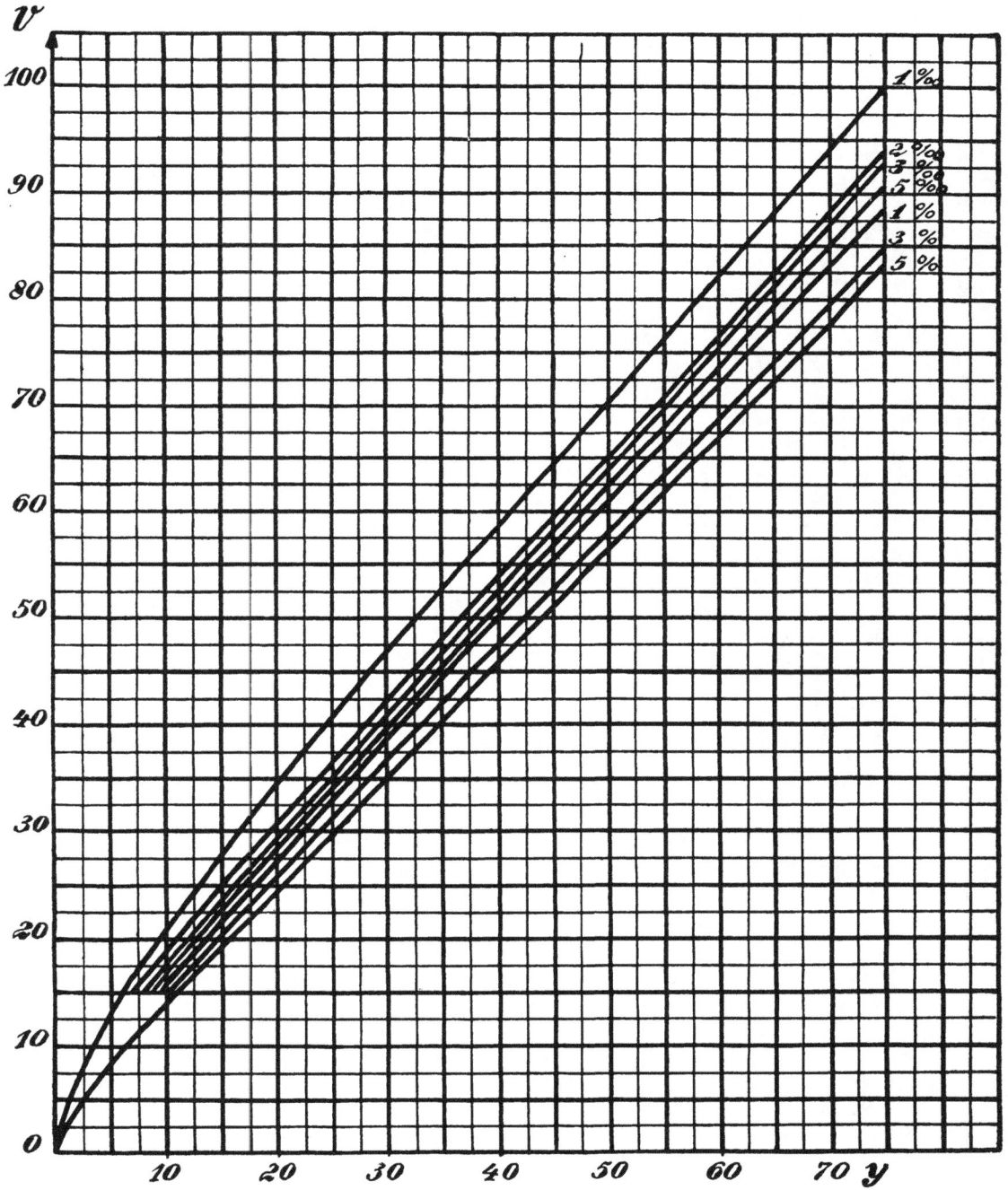

Tafel II. Verluste für vollkommene Bündel.
v = Zahl der Leitungen im Bündel. y = Belastung in Belegungsstunden.

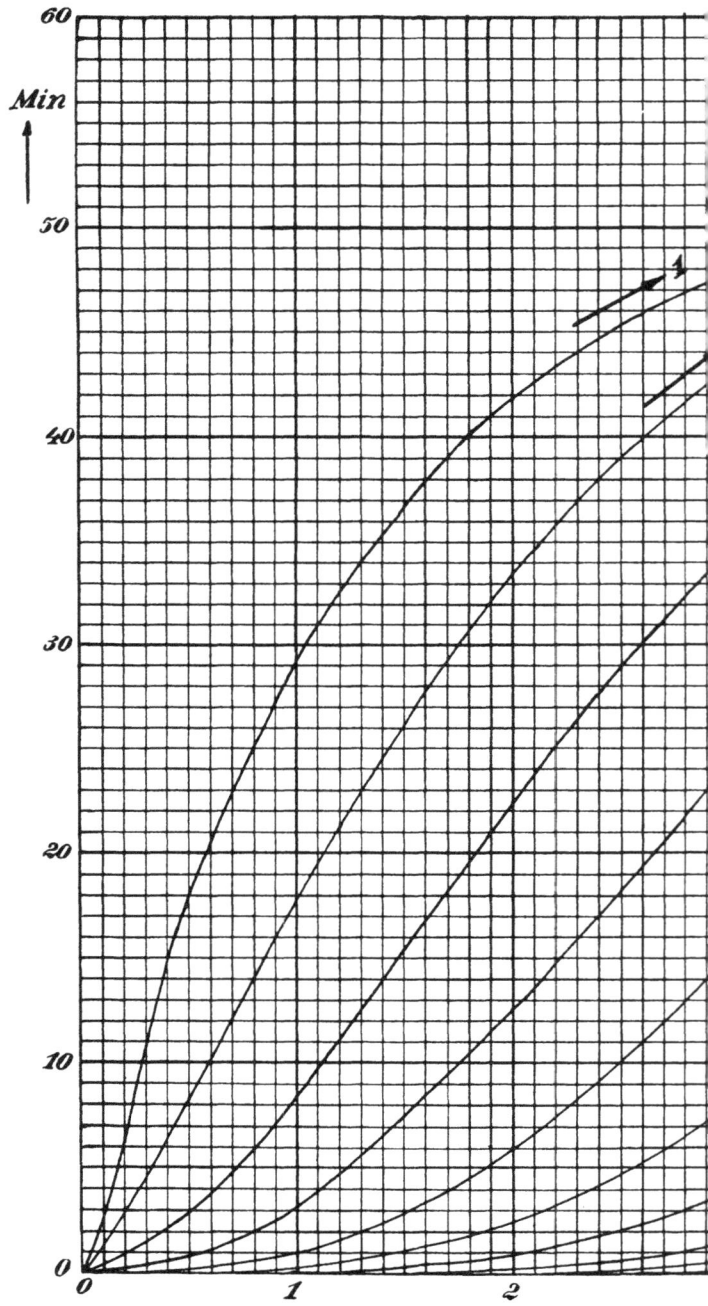

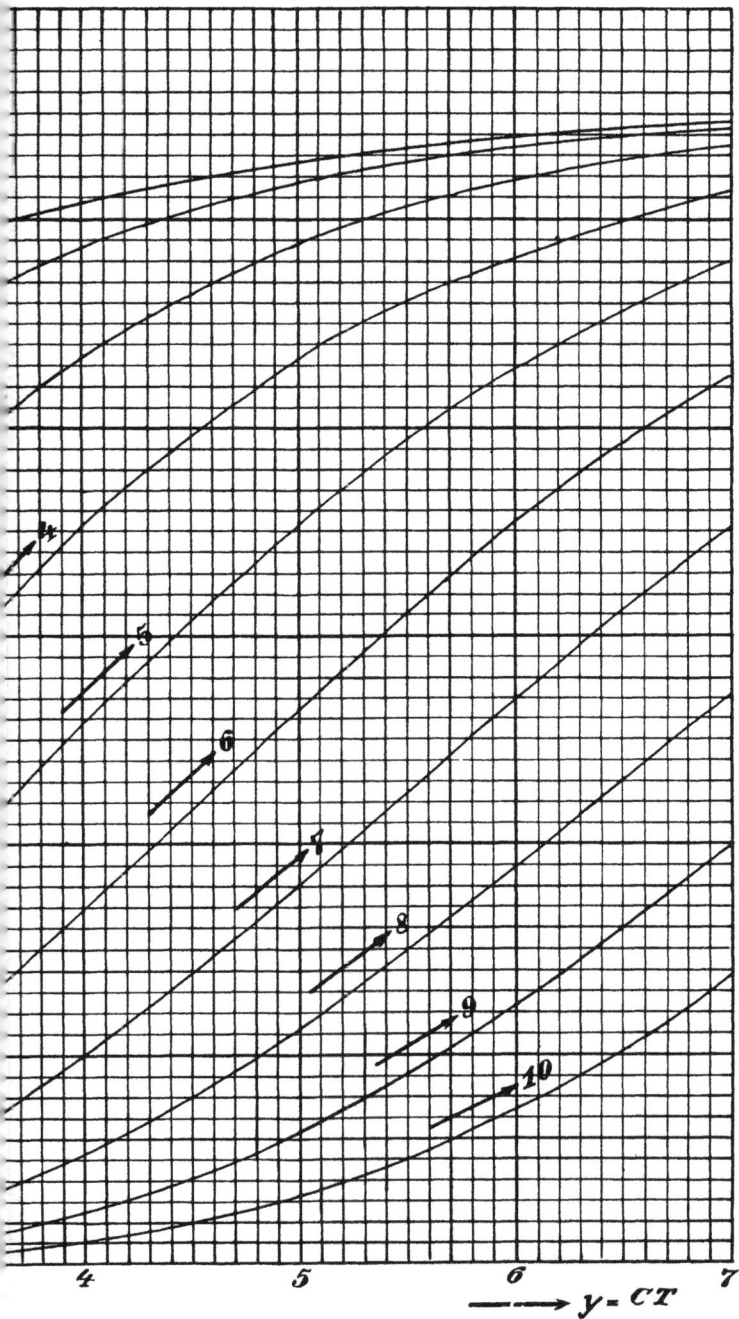

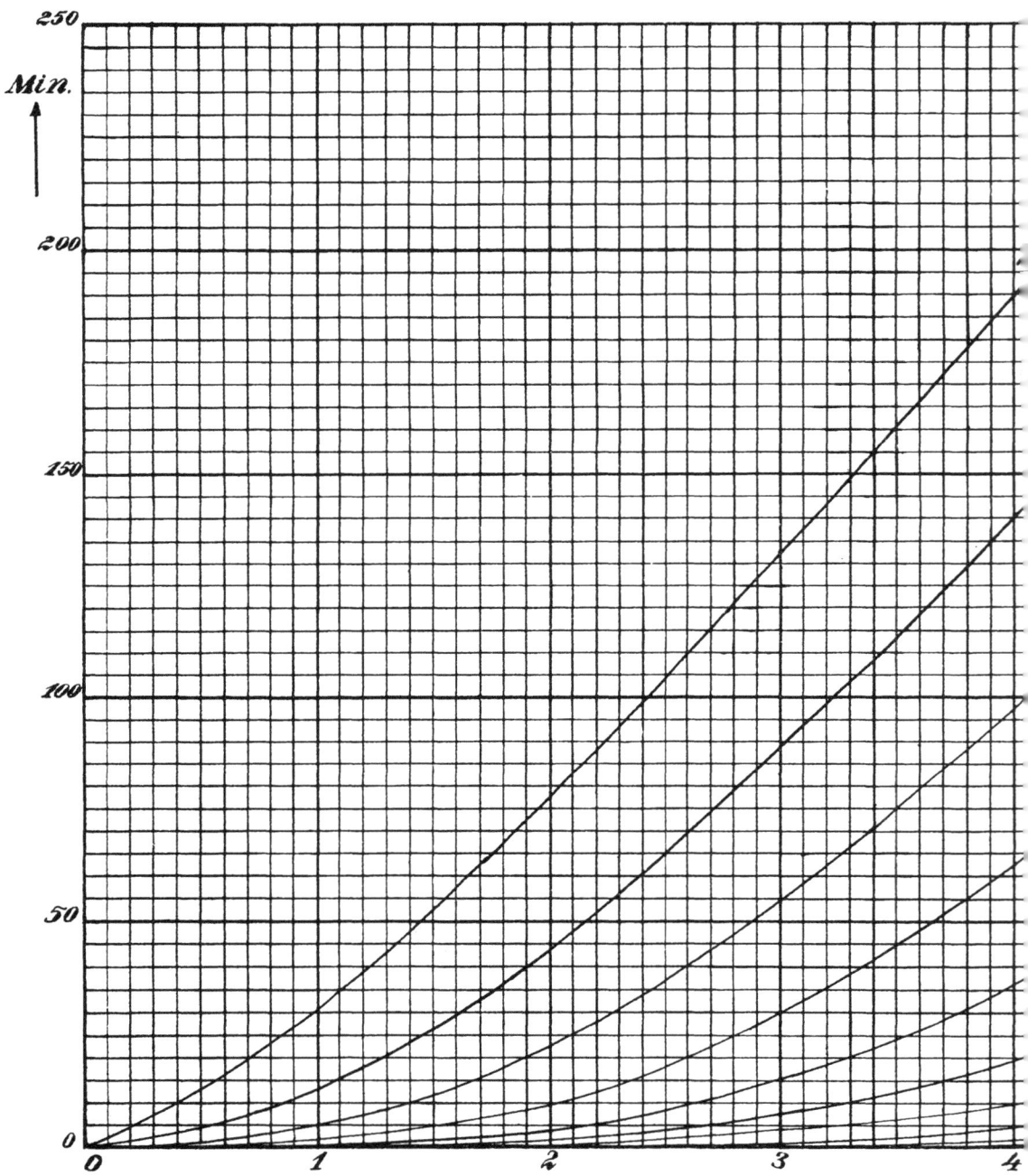

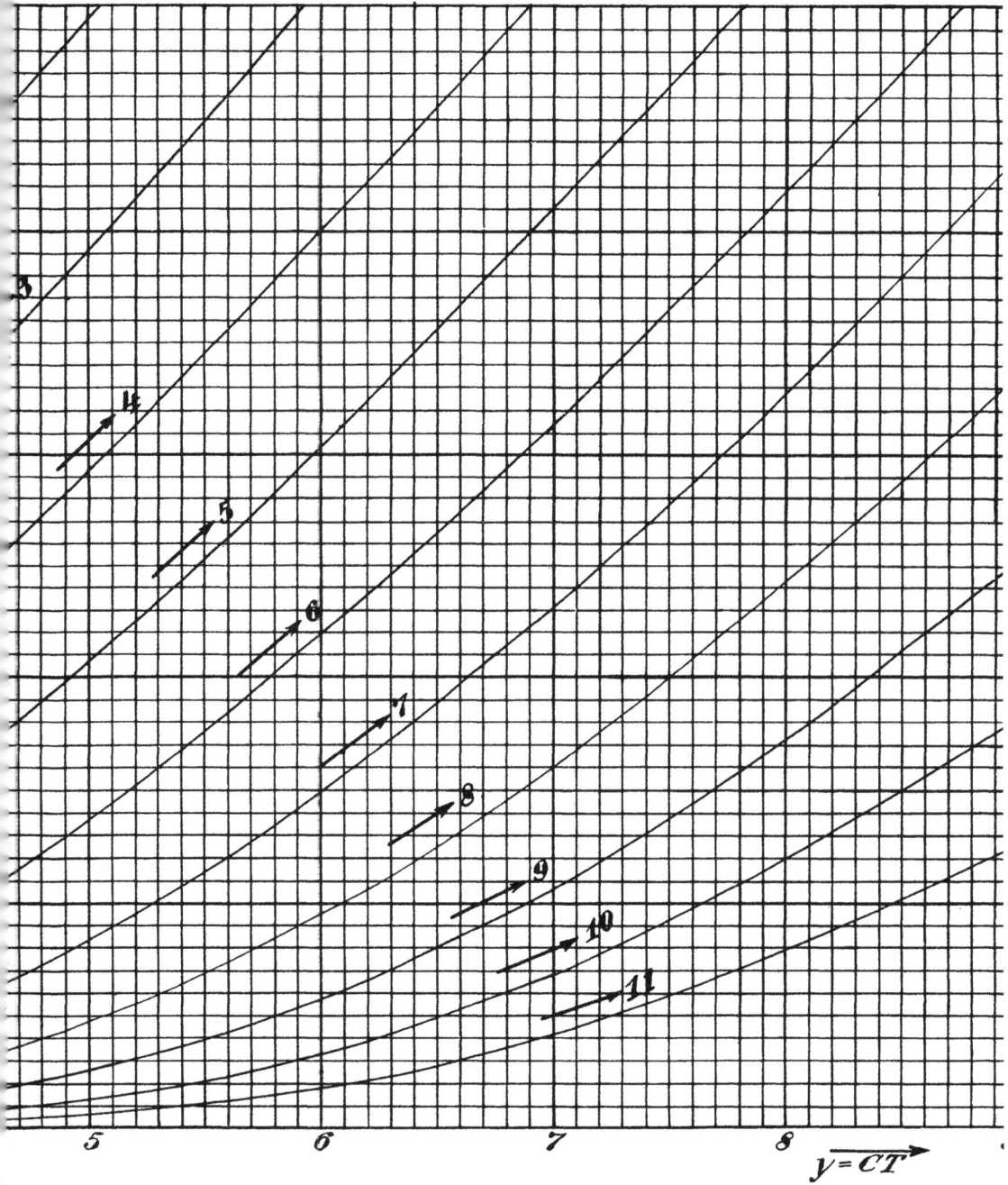

3

4

5

6

7

8

9

10

11

5   6   7   8

$y = CT$

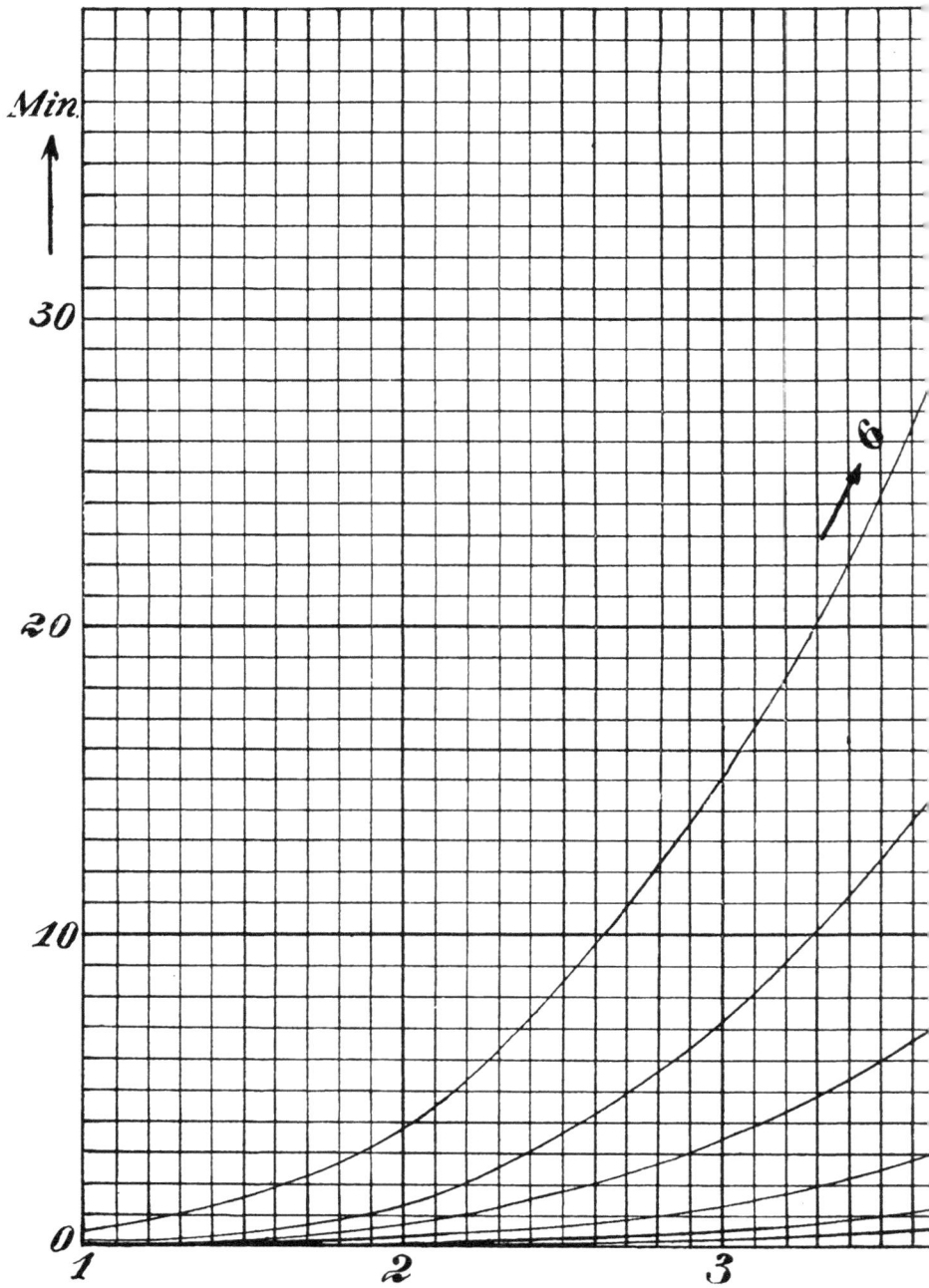

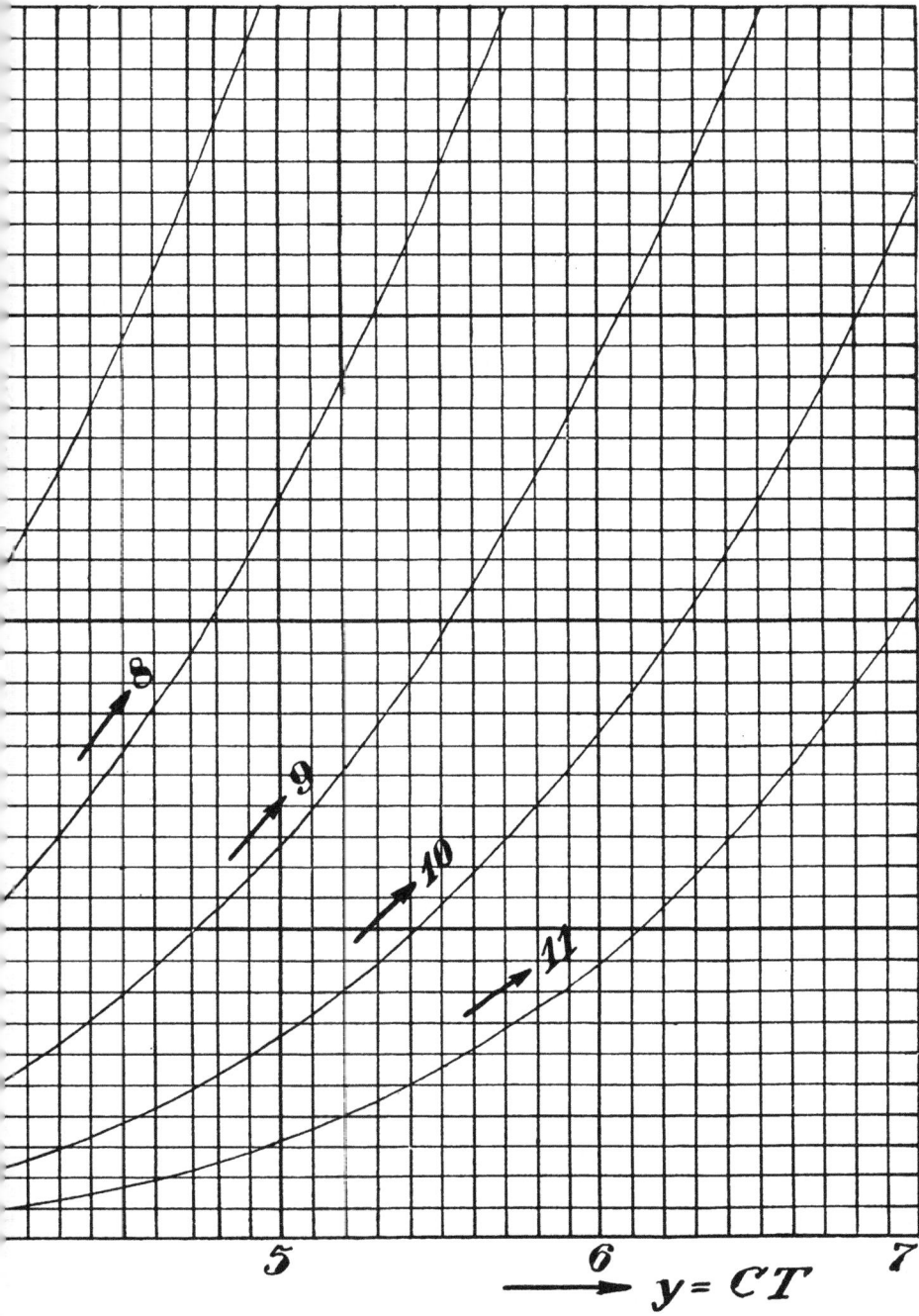

$\xrightarrow{\quad}$ $y = CT$

5　　　　　　6　　　　　　7

www.ingramcontent.com/pod-product-compliance
Lightning Source LLC
Chambersburg PA
CBHW081226190326
41458CB00016B/5696